好食尚

菇类杂粮 炖补

料理大收录

杨桃美食编辑部 主编

U0232049

江苏凤凰科学技术出版社　　凤凰含章

备注：
全书1大匙（固体）≈15克
1小匙（固体）≈5克
1茶匙（固体）≈5克
1杯（固体）≈227克
1茶匙（液体）≈5毫升
1大匙（液体）≈15毫升
1小匙（液体）≈5毫升
1杯（液体）≈240毫升

菇类、
五谷杂粮、
炖补料理，
让你吃出健康好气色

现代人饮食中过多地食用外食、加工食品，
以致吃得不够健康。
既然每餐都要吃，
何不吃得健康又营养呢？
家中常见的菇类跟五谷杂粮，
都是健康的好食材，
运用起来很方便，
只要花点巧思变化一下，
吃起来就可以非常美味。
此外再加上滋养的炖补料理与家常药膳，
让你在吃的同时就能轻松养生。

目录 CONTENTS

低卡鲜美菇类篇 Mushroom dishes

高纤五谷杂粮篇 Whole grains

目录CONTENTS

滋养元气食补篇　Chinese medicine cuisine

附录 养生茶饮 Health tea

煎炒烧烩 · 炖汤 · 酥炸蒸煮 · 凉拌热烤
吃再多也不怕有负担！

低卡鲜美菇类篇
Mushroom dishes

吃菇先要**认识菇**

香菇

　　香菇是东方料理中不可或缺的菇类，是最常见的菇类之一，因干燥后会有浓郁的香味而得名；而新鲜香菇虽然香味淡，但肉质肥厚，口感非常好，适合各种料理方式。

杏鲍菇

　　因具有杏仁香味，口感近似鲍鱼，故名为杏鲍菇。杏鲍菇经济价值高、风味佳，所以除了炒炸，日本也流行将杏鲍菇切片后氽烫，当素生鱼片食用。

姬松茸

　　因原产地在巴西高山，故又称"姬松茸"，喜低温潮湿的环境。姬松茸单价高、营养价值也高，富含麦角固醇，可改善骨质疏松。美国菇农使用温室控温，大量繁殖，中国台湾也有菇农少量的培植。

松茸菇

　　近几年很流行的菇类，由日本引进，口感清脆、味道鲜美，日本人常用来煮火锅，而中式料理中则可炒、可炸，蒂头略带苦味，但不减其风味。

柳松菇

　　又称"茶树菇"，长着圆柱形菇伞、菇茎细长，因常生于茶树或松树上而得名，原产于台湾、福建、云南一带的两千米以上的山区。柳松菇滋味清爽、纤维丰富、助消化。

白灵菇

　　口感非常清脆的一种菇类，没有特殊味道，用来清炒风味极佳。白灵菇清脆带有韧性，与一般菇类Q嫩的口感不同，因此也是这几年大受欢迎的菇类之一。

一朵香菇全利用

　　香菇这类较大且肉厚、有菇梗的菇类，整朵吃和单纯吃菇蕈的口感完全不同，想要一菇全利用，以下教你简单的处理步骤。

切丁

　　鲜香菇和干香菇可以切成小丁，做成炸酱，或是加入馅料中，增加口感。

切片

　　鲜香菇最常见的处理方式就是切块或切片，无论是拿来清炒或搭配其他食材炖煮都很适合。

随着养生风兴起，许多餐厅料理都会以菇类来作为主菜，它含有丰富的多糖体，对人体非常有益。但光是菇就有很多种类，到底该怎么烹调？首先来了解一下菇类有哪些以及各种菇类的特性吧！

蘑菇

又称"口蘑"，是世界上人工栽培最多的菇类，是西方料理中常用的菇类，可煮汤、焗烤甚至可生吃。但蘑菇表面非常娇弱，受到撞击或挤压就会有褐色痕迹出现，因此只能靠人工采收。

美白菇

又称"雪白菇""精灵菇"，因整株呈现雪白且菌体完整美丽而得其名，并不是真的吃了就能美白。其口感清脆甘甜，适合热炒、凉拌。

鲍鱼菇

菇面大而厚实，口感Q嫩有弹性，味道清爽，常以烩煮的方式料理，由于口感极佳又没特殊味道，常作为宴客料理的配菜。近来常见到的秀珍菇也是鲍鱼菇的一种。

珊瑚菇

也称"金顶侧耳菇"或"玉米菇"，味道清香、颜色金黄鲜艳，但是太成熟的话味道会变重，颜色也没那么漂亮，在加热后金黄色的菇伞会变成淡淡的鹅黄色。

草菇

草菇因采收后不耐放，因此大多制成罐头。新鲜草菇本身味道淡，但有种特殊味道，有些人不大能接受，在料理前可以通过先汆烫去除，适合煮汤、热炒。

金针菇

古时称"秋蕈"，现在经过人工栽培，一年四季都可以采收，价格平实，属于平价亲民的食材，可用来作为火锅料，或添加在勾芡料理中。

搅泥

市售的干香菇蒂使用前必须先泡水还原，再用食物搅拌器打成泥，加入炸酱中，不仅可增加纤维，还会更好入口。

剥丝

鲜香菇的蒂切除之后，不要轻易丢弃。先用手剥成细丝，油炸后再调味就是一道美味佳肴。

常见菇类怎么选、料理前处理

鲜香菇

鲜香菇必须选择伞部较为圆厚且无缺口，菇轴呈水分饱满状，里面菌丝的部分则以白色为佳。鲜香菇最适合裹粉后油炸。

1 料理前必须先将根部沾土的部分切除。

2 再仔细用清水将伞部和菇轴部分洗干净。

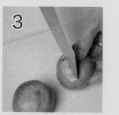

3 煮火锅、熬汤时可在菇伞地方轻划上十字纹，增加视觉效果。

4 如要作配汤料、热炒，可将鲜香菇削厚片或切薄片。

杏鲍菇

口感和鲍鱼相似的杏鲍菇，味如其名，吃起来带有杏仁的香气，且根部Q劲十足，切片后熬汤或热炒皆宜。

1 将杏鲍菇根部沾土部分削除，再以清水洗净。

2 杏鲍菇可整颗烧烤，也可切成薄片热炒或熬汤。

金针菇

金针菇在我国大部分地区均有分布。购买金针菇时可挑选出自有名产区，且色泽明艳白皙，伞部平滑有水分者。金针菇通常搭配火锅食用，拿来作烧烩料理风味也不错。

1 金针菇需先将根部咖啡色沾土的部分切除。

2 清洗时可用手慢慢将其分离后再一一洗净。

蘑菇（口蘑）

买口蘑时要注意，伞部有黑点或破损者则为品质不良品，好的蘑菇伞部呈圆墩形且扎实，根部粗厚无黑点，闻起来有菇的香味。蘑菇是全世界人工栽培最多的菇类，表面娇弱因此仅能靠人工采收，产地分布在内蒙古锡盟的东乌旗、西乌旗和阿巴嘎旗、呼伦贝尔市、通辽等草原地区。

1 将根部脏的部分切除。

2 清洗时用手轻轻将菇伞的脏污搓掉。

3 如想要热炒或是作酱汁配料，可以切成薄片。

4 如想要整颗做汤或勾芡料理，可事先氽烫至软。

特色菇类怎么选、料理前处理

松茸菇

挑选要诀：

松茸菇纤维细致，且吃起来比金针菇更饱满，具有甘甜味，品种有黄色与银白色两种，差别在于吃起来的口感和咬劲，挑选时以伞部圆厚、根部粗壮者为佳。秋冬季是松茸菇盛产的季节，当然也有日本进口品种可供选择。松茸菇大多拿来当火锅料或做烧烩料理等。

料理前处理：

整颗取下后将根部咖啡色部分切除，用手慢慢将其分离，再一一洗净，就可以料理了。

白灵菇

挑选要诀：

白灵菇外形和金针菇类似，但菇体较大且较硬，吃起来脆脆的有咬劲。购买时以外观洁白、根部粗壮且扎实有水分、闻起来没有酸味或霉味者为佳。

料理前处理：

处理时只需要稍微切除根部氧化或咖啡色沾土的部分，慢慢用手将菇蕈内外和菇体一一洗净即可。

珊瑚菇

挑选要诀：

新鲜的珊瑚菇伞面呈现鲜艳的黄色，表面光滑且带有淡淡的清香味。挑选时以外观金黄、表面光滑、边缘微卷、薄而脆且易破裂、有清香味者为佳。但要注意珊瑚菇放久之后味道会因为太浓而不好闻。

料理前处理：

珊瑚菇含有大量的铁质，与水气接触后蒂头易氧化，颜色变黑，因此切除蒂头、洗净后就要尽快料理。

美白菇

挑选要诀：

购买时以外观洁白、根部粗厚且扎实有水分、闻起来没有酸味或霉味者为佳。

料理前处理：

整颗取下后将根部咖啡色部分切除，再用手慢慢将其分离，再一一洗净，就可以直接料理。

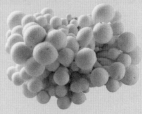

草菇

挑选要诀：

新鲜的草菇外观会包着一层薄薄的菇伞，且外观完整没有破损，呈现自然的灰黑色，闻起来带有一点点特殊酸味。挑选时以菇伞尚未打开者为佳。

料理前处理：

草菇有股特殊的气味，许多人吃不惯，在料理前可以先将其对切块或切片，再放入沸水中氽烫，就可以去除草菇本身的独特气味，这样处理后再下锅料理，味道会更好。

秀珍菇

挑选要诀：

秀珍菇又称为蚝菇，外形与鲍鱼菇类似，但比较小。秀珍菇外观呈现浅褐色，选购时以菇伞完整且厚、破损少、菌柄短的为佳。也需注意是否具有弹性，若轻压即有压痕，表示较为不新鲜。

料理前处理：

处理时只需稍微切除根部氧化或咖啡色沾土的部分，再慢慢用手将菇体内外和菌摺处一一洗净即可。

菇类 速配料理法

料理的方法有上百种，而菇类要怎么烹调才对味？料理时又有什么要重点注意？在这就要告诉你各种常见的料理方式分别适合什么菇类。

炒

一般菇类都适合用热炒的方式处理，菇类经过热炒的过程会产生浓郁的香气，尤其是经过干燥过的菇类，例如干香菇，泡发后再炒香气依旧十足。

烩

菇类因其口感有弹性，非常适合用烩的方式处理，菇的蕈摺可以吸附汤汁，加上芡汁吃起来口感会更加滑顺。其中又以软质的菇类尤为适合，例如：秀珍菇、金针菇等。

煎

煎的料理方式简单，料理的时间也比较短，所以不适合肉厚的菇类或整朵菇。菇类在用煎的方式料理时，最好事先切成薄片，中间才不会煎不熟，吃起来带有生味。另外煎蛋、煎饼时也可以加入菇类，口感更好。

卤

大部分的菇类因为肉厚，都有久煮不烂的特性，煮过之后不会萎缩太多，用来卤炖非常适合，再加上菇类非常会吸收汤汁，因此炖卤后风味十足，又不容易太软烂或过咸。

炸

炸过的菇类外表非常酥脆，内部却Q嫩十足。不过不是每种菇都适合用来酥炸，建议选肉质厚实且较扎实的菇类，例如杏鲍菇、鲜香菇等；而金针菇这类较软且肉不多的菇类若要油炸，油温不能过高，时间不能过长，而且一定要裹粉，否则在炸的过程中容易炸干。

拌

几乎所有菇类都适合水煮后用拌的方式料理，因为菇类本身带有特殊香气，风味十足却又不会过度强烈，只要事先烫熟，再佐上喜欢的调味料，不用多么复杂的烹调，就是一道道非常清爽美味的佳肴了。

烤

菇类大部分有浓郁的香气，烤过后风味更佳。肉质较厚的菇类可以直接在炭火上烤或是直接入烤箱烤；软质菇类，像金针菇等，最好在烤之前先用铝箔包起来再烤；而本身味道淡的菇类，像蘑菇，则加奶酪焗烤更对味。

01 三杯杏鲍菇

＊材料＊

杏鲍菇（蒂头）
·················200克
姜·················1小块
蒜蓉·················3颗
罗勒·················1小把
红辣椒·················1根

＊调味料＊

酱油膏·················1大匙
砂糖·················1小匙
水·················适量
香油·················1大匙

＊做法＊

1. 将杏鲍菇的蒂头洗净、切块；姜切片；蒜蓉洗净；红辣椒洗净切片，备用。
2. 取一只炒锅，倒入香油，先加入姜片以中火煸香。
3. 加入杏鲍菇块与蒜蓉炒香，再放入红辣椒片与所有调味料，以中火翻炒均匀。
4. 继续以中火略煮至收汁，再加入洗净的罗勒，稍微烩煮一下即可。

02 盐味杏鲍菇

＊材料＊

杏鲍菇(小)·······200克
奶油·················10克

＊调味料＊

黑胡椒粉·················适量
蒜香粉·················适量
白酒·················1大匙
盐·················适量

＊做法＊

1. 杏鲍菇洗净对切备用。
2. 热锅，倒入少许色拉油润锅，再放入奶油烧至融化，放入杏鲍菇以小火煎至双面上色。
3. 淋入白酒拌炒一下，以盐、黑胡椒粉调味，最后撒上蒜香粉提香即可。

养生也能好美味

这道菜以奶油来提香增味，但是因为奶油有油脂，所以润锅的色拉油不要太多，只要一点点让锅中有点油分即可；而白酒也不要太早加入，这样香气才不会散失。

03 金沙杏鲍菇

材料

杏鲍菇 ············· 350克
咸蛋黄 ············· 3颗
蒜泥 ··············· 10克
蒜苗圈 ············· 15克

调味料

A.盐 ················ 1/4小匙
 香菇粉 ··········· 1/4小匙
 黑胡椒粉 ········· 少许
 米酒 ············· 少许
B.吉士粉 ··········· 适量

做法

1. 先将杏鲍菇洗净切块后加入调味料A拌匀，再放入吉士粉拌匀后炸1分钟，捞起沥油备用。
2. 热锅后先加入1大匙油（材料外），再加入蒜泥爆香，最后加入咸蛋黄压碎炒香至出泡沫。
3. 放入杏鲍菇块炒匀且炒至熟透，再放入蒜苗圈拌炒均匀即可。

养生也能好美味

如使用生鸭蛋黄则要先加米酒一起蒸熟后，再放入热锅炒匀至冒泡，口感才会滑顺。

04 杏鲍菇炒肉酱

＊材料＊

杏鲍菇	200克
猪肉泥	200克
盐	少许
黑胡椒	少许
洋葱	1/2颗
葱碎	少许

＊调味料＊

盐	少许
白胡椒	少许
酱油	1大匙
砂糖	1小匙
香油	少许
水	适量

＊做法＊

1. 杏鲍菇洗净、切小丁；洋葱洗净切碎，备用。
2. 取一只炒锅，加入1大匙色拉油烧热，放入猪肉泥与杏鲍菇丁，以中火先炒香，再加入洋葱碎，以中火翻炒均匀。
3. 加入所有调味料，烩炒至所有材料入味，且汤汁略收干。
4. 最后加入葱碎即可。

养生也能好美味

　　杏鲍菇较厚，本身不容易入味，而肉泥又易熟。所以在做这道料理时，要先将杏鲍菇切成丁，这样一起烹调时才容易入味，口感也比较好。

05 干煸杏鲍菇

材料

杏鲍菇 ………… 120克
蒜蓉 …………… 10克

橄榄油 ………… 2大匙
胡椒盐 ………… 1/4小匙
孜然粉 ………… 1/2小匙

做法

1.杏鲍菇洗净切直片；蒜蓉切末，备用。
2.热锅，倒入橄榄油，放入杏鲍菇片，以小火煎至两面焦香。
3.加入蒜泥炒香后，撒入胡椒盐及孜然粉，以小火炒匀即可。

06　骰子牛肉杏鲍菇

材料

杏鲍菇	3个
牛肉	150克
蒜蓉	2颗
四季豆	50克
红辣椒	1个

调味料

盐	少许
黑胡椒	少许
西式什锦香料	1小匙
奶油	1大匙

做法

1. 杏鲍菇洗净、切块；牛肉切成块；蒜蓉与红辣椒皆洗净切片；四季豆洗净切斜片，备用。
2. 取一只炒锅，倒入1大匙色拉油烧热，再加入牛肉块与杏鲍菇块，以中火将每一面煎至上色后盛起。
3. 原锅放入蒜片与红辣椒片，以中火爆香，再放入四季豆片炒香，最后加入所有调味料、杏鲍菇块和牛肉块，拌炒均匀即可。

07　黑木耳炒杏菇

材料

杏鲍菇	150克
黑木耳	100克
腊肉	50克
姜丝	5克

调味料

和风柴鱼酱油	1.5大匙

做法

1. 黑木耳洗净切小片放入沸水中汆烫20秒；腊肉切薄片放入沸水中汆烫30秒；杏鲍菇洗净切段后切厚片，备用。
2. 热锅，倒入适量油，放入杏鲍菇片煎至上色，取出备用。
3. 锅中放入姜丝、腊肉片炒香，再放入黑木耳及调味料炒入味。
4. 加入杏鲍菇片炒匀即可。

08 松露酱炒杏鲍菇

＊材料＊

		＊调味料＊	
杏鲍菇	150克	橄榄油	2大匙
蒜头	10克	白葡萄酒	2大匙
松露酱	2大匙	盐	1/4小匙

＊做法＊

1. 杏鲍菇洗净切片；蒜头切末，备用。
2. 热锅，倒入橄榄油，放入蒜泥，以小火爆香。
3. 放入杏鲍菇煎至香味出来，加入松露酱、盐及白葡萄酒，以小火炒匀即可。

养生也能好美味

松露酱可在大型超市购得，虽然不是太便宜，但比起整颗松露算是平价，而且风味浓郁，只要一点整盘就有浓醇的好滋味。

09 姜烧鲜香菇

＊材料＊

		＊调味料＊	
鲜香菇	150克	酱油	1.5大匙
玉米	100克	米酒	1大匙
红甜椒	1/4个	味醂	1大匙
小里脊肉	50克		
姜泥	10克		
淀粉	适量		

＊做法＊

1. 将所有调味料与姜泥混合均匀；红甜椒洗净切片；玉米切片，备用。
2. 将小里脊肉切0.2厘米薄片，放入混合的调味料中腌约10分钟，取出沥干，沾上薄薄的淀粉备用。
3. 热锅，倒入适量油，放入小里脊肉、鲜香菇、玉米片煎至两面上色，再放入腌肉的酱汁炒至充分入味，最后加入红甜椒片炒匀即可。

10 椒盐鲜香菇

材料

鲜香菇 ·········· 200克
葱 ················ 3根
红辣椒 ·········· 2个
蒜头 ············· 5颗
淀粉 ············· 3大匙

调味料

盐 ·············· 1/4小匙

做法

1. 鲜香菇切小块，泡水约1分钟，洗净略沥干；葱、红辣椒、蒜头洗净切碎，备用。

2. 热油锅至油温约180℃，香菇撒上淀粉拍匀，放入油锅中，以大火炸约1分钟至表皮酥脆立即起锅，沥干油分备用。

3. 锅中留少许油，放入葱碎、蒜碎、红辣椒碎以小火爆香，放入香菇、盐，以大火翻炒均匀即可。

11 鲜香菇炒嫩鸡片

* 材料 *

鲜香菇 ············· 5朵
鸡胸肉 ············· 1片
蒜蓉 ··············· 2颗
红辣椒 ············· 1个
葱 ················· 2根

* 调味料 *

盐 ················· 少许
白胡椒粉 ··········· 少许
香油 ··············· 1小匙

* 腌料 *

淀粉 ··············· 1小匙
香油 ··············· 1小匙
盐 ················· 少许
白胡椒粉 ··········· 少许
米酒 ··············· 1小匙

* 做法 *

1. 先将鲜香菇去蒂洗净,再切成片;蒜蓉、红辣椒、葱都洗净切成片,备用。
2. 鸡胸肉去骨,切小片,放入腌料一起抓拌均匀,再放入沸水中氽烫过水,备用。
3. 取一只炒锅,先加入1大匙色拉油烧热,加入做法1、做法2的材料,以中火先爆香,再加入所有调味料一起翻炒均匀,炒至汤汁略收即可。

12 鲜香菇炒青金针

* 材料 *

鲜香菇…………30克
青金针…………200克
枸杞子…………少许
姜丝……………10克
水………………少许

* 调味料 *

盐………………1/4小匙
鸡粉……………少许
米酒……………1小匙

* 做法 *

1. 青金针去蒂头洗净，放入沸水中汆烫一下后捞出，泡冰水备用。
2. 鲜香菇洗净切丝；枸杞子洗净，备用。
3. 热锅，加入1大匙油，爆香姜丝、鲜香菇，放入枸杞子、水、所有调味料和青金针，以大火拌炒入味即可。

13 葱爆香菇

＊材料＊

鲜香菇 ………… 150克
葱 …………… 100克

＊调味料＊

甜面酱 ………… 1小匙
酱油 ………… 1/2大匙
蚝油 ………… 1大匙
味酥 ………… 1大匙
水 …………… 1大匙

＊做法＊

1.鲜香菇洗净，表面划刀，切块；青葱洗净，切5厘米长的段；所有调味料混合均匀备用，备用。

2.热锅，倒入适量油，放入鲜香菇煎至表面上色后取出，再放入葱段炒香后取出，备用。

3.将混合的调味料倒入锅中煮沸，再放入香菇充分炒至入味，最后放入青葱段炒匀即可。

14 糖醋香菇

材料

鲜香菇 …………200克
红甜椒 …………50克
黄甜椒 …………50克
洋葱 ……………40克
淀粉 ……………3大匙

调味料

白醋 ……………3大匙
番茄酱 …………3大匙
水 ………………2大匙
细砂糖 …………3大匙
水淀粉 …………1小匙
香油 ……………1小匙

做法

1. 鲜香菇泡水约1分钟后洗净略沥干；红甜椒、黄甜椒及洋葱切小条，备用。
2. 热油锅至油温约180℃，将鲜香菇沾上淀粉，放入油锅中，以大火炸约1分钟至表皮酥脆，立即起锅沥油。
3. 锅中留少许油，以小火爆香洋葱及甜椒条，再加入白醋、番茄酱、水及细砂糖，以小火煮至沸腾。
4. 加入水淀粉勾薄芡，再放入香菇快速翻炒均匀，淋上香油即可。

低卡鲜美菇类

煎炒烧烩

15 油醋鲜香菇

材料

鲜香菇	150克
蘑菇	100克
蒜泥	10克
洋葱花	10克
巴西里末	适量

调味料

盐	1/4小匙
橄榄油	2大匙
白酒醋	1大匙
黑胡椒粒	少许

做法

1. 先将鲜香菇、蘑菇洗净切块，备用。
2. 热锅，加入少量油（材料外）后，放入鲜香菇块、蘑菇块，以小火慢煎至熟透。
3. 放入蒜泥、洋葱花、巴西里末炒匀，再加入所有的调味料拌匀即可。

养生也能好美味

将材料中的菇类要用少量油干煸至熟透，这样菇类的香气才能出来。

16 鲜香菇烘蛋

＊材料＊

鲜香菇 ·············· 6朵
松茸菇 ·············· 1包
葱 ····················· 1根
蒜蓉 ·················· 2颗
红辣椒 ·············· 1个
鸡蛋 ·················· 5个

＊调味料＊

酱油 ·················· 1小匙
水 ····················· 适量
盐 ····················· 少许
白胡椒 ·············· 少许
香油 ·················· 1小匙

＊做法＊

1. 先将鲜香菇去蒂洗净，切成小片；松茸菇去蒂洗净，切成小段，备用。
2. 葱洗净切葱花；蒜蓉与红辣椒洗净切成片，备用。
3. 将鸡蛋敲入碗中，再加入所有调味料搅拌均匀成蛋液，备用。
4. 取一只炒锅，先加入1大匙色拉油，加入蛋液，再将做法1、做法2的材料，依序加入蛋液中，盖上锅盖，以小火煎至蛋全熟即可。

栗子烧香菇　松茸菇炒冬笋

松茸菇拌炒西蓝花　培根松茸菇

17 栗子烧香菇

材料

干香菇 ·············· 5朵
去骨鸡腿排 ·········· 1支
鲜香菇 ·············· 3朵
市售熟栗子 ·········· 100克
葱段 ················ 1根

调味料

酱油膏 ·············· 1大匙
砂糖 ················ 1小匙
盐 ·················· 少许
黑胡椒 ·············· 少许
水 ·················· 适量
水淀粉 ·············· 适量

做法

1. 先将鲜香菇洗净去蒂切小块；干香菇泡冷水至软切小块；去骨鸡腿排切小块；市售熟栗子煮软，备用。
2. 取一只炒锅，先加入1大匙色拉油烧热，放入鸡腿肉块，以小火煸香，将干香菇块与鲜香菇块一起加入，再以中火炒香。
3. 锅中加入栗子、葱段与所有调味料，再以中火烩煮至所有材料略软且汤汁收干即可。

18 松茸菇炒芦笋

材料

松茸菇 ·············· 1包
芦笋 ················ 120克
蒜蓉 ················ 2颗
红辣椒 ·············· 1个
猪肉丝 ·············· 80克

调味料

盐 ·················· 少许
白胡椒 ·············· 少许
香油 ················ 1小匙
水 ·················· 适量

腌料

米酒 ················ 1大匙
香油 ················ 1小匙
酱油 ················ 1小匙
淀粉 ················ 1小匙

做法

1. 将松茸菇去蒂，切成小段后洗净；芦笋洗净去除粗丝、切片；蒜蓉、红辣椒皆洗净切片，备用。
2. 将猪肉丝与腌料拌匀，腌渍约10分钟，备用。
3. 取一只炒锅，倒入1大匙色拉油烧热，加入腌渍好的猪肉丝，以中火先炒香，再加入做法1的材料拌炒均匀。
4. 锅中加入所有调味料翻炒均匀，至汤汁略收即可。

19 松茸菇拌炒西蓝花

材料

松茸菇 ·············· 100克
西蓝花 ·············· 200克
胡萝卜片 ············ 20克
蒜泥 ················ 10克
热水 ················ 30毫升

调味料

盐 ·················· 1/4小匙
糖 ·················· 1/4小匙
香油 ················ 1小匙
鸡粉 ················ 少许

做法

1. 西蓝花切小朵、洗净；松茸菇去头备用。
2. 西蓝花放入沸水中，再放入胡萝卜片汆烫一下，接着放入松茸菇一起汆烫后全部捞起备用。
3. 热锅，放入1/2大匙油，爆香蒜泥，再放入做法2所有材料，加入热水、所有调味料以中火拌炒均匀至入味即可。

20 培根松茸菇

材料

松茸菇 ·············· 1包
培根 ················ 5片
四季豆 ·············· 12根

调味料

盐 ·················· 少许
黑胡椒 ·············· 少许
七味辣椒粉 ·········· 少许

做法

1. 将松茸菇去除蒂头、洗净，摘成小朵；四季豆洗净，切成小段，备用。
2. 将培根对切，再将松茸菇、四季豆段放在培根上，再将培根卷起来备用。
3. 将卷好的培根放入平底锅中，再以中火将培根慢慢煎熟。
4. 起锅前再加入所有调味料即可。

21 彩椒松茸菇

材料

松茸菇 ·············· 150克
红甜椒 ·············· 1/2个
黄甜椒 ·············· 1/2个
葱 ···················· 1根
水 ···················· 1大匙

调味料

盐 ···················· 少许

做法

1.松茸菇切去根部后洗净备用。
2.红甜椒、黄甜椒分别洗净后去籽，再切长块；葱洗净切小段，备用。
3.热锅，倒入2大匙油烧热后，先放入葱段爆香，再加入松茸菇与红甜椒、黄甜椒块以中火快炒均匀。
4.锅内加入水和盐，一起拌炒至汤汁收干即可。

22 菠菜炒金针菇

材料

金针菇 ·············· 1把
菠菜 ·············· 200克
蒜头 ·············· 2颗
橄榄油 ·············· 1小匙

调味料

盐 ·············· 1/2小匙

做法

1.菠菜洗净切段；金针菇洗净切段；蒜头切片，备用。
2.取一不粘锅放油后，爆香蒜片。
3.加入金针菇、菠菜及调味料拌炒均匀即可。

养生也能好美味

菠菜在烹煮时容易有涩涩的口感，添加金针菇正可以消除涩味，两者是很好的搭配。金针菇低热量、低脂、含多糖体，尤其丰富的纤维容易带来饱足感，是很适合减肥族的好食材；因为这两样食材都具有特殊的香味，所以这道菜就是要吃食材的原味，烹煮时只要添加少许盐调味即可。

23 麻辣金针菇

＊材料＊

金针菇 ……………1把
蒜蓉 ……………2颗
红辣椒 ……………1个
葱 ……………1根

＊调味料＊

辣油 ……………1大匙
香油 ……………1小匙
砂糖 ……………1小匙
辣豆瓣酱 ……………1小匙
盐 ……………少许

＊做法＊

1. 金针菇洗净后切除蒂头；蒜蓉切碎；红辣椒、葱洗净切丝，备用。
2. 取一只炒锅，先加入1小匙香油，再加入蒜碎、红辣椒和葱丝以中火先爆香。
3. 加入金针菇和所有调味料，以中火煮至汤汁略收即可。

养生也能好美味

如果喜欢风味再浓郁一点，可以先将辣豆瓣酱爆香，这样豆瓣酱的香气会更浓。

24 川耳糖醋金针菇

＊材料＊

金针菇 ……………1把
洋葱 ……………1/2个
鲟味棒 ……………5根
蒜蓉 ……………3颗
川耳 ……………6朵
葱 ……………1根

＊调味料＊

盐 ……………少许
黑胡椒 ……………少许
奶油 ……………1大匙
白醋 ……………1小匙
砂糖 ……………1小匙

＊做法＊

1. 金针菇去蒂、洗净后切小段；洋葱洗净切丝；川耳洗净泡水至软，青葱与蒜蓉都洗净切成片，备用。
2. 取一只炒锅，先加入1大匙色拉油烧热，再加入做法1的材料（金针菇除外）以中火炒香。
3. 加入金针菇与所有调味料，以大火翻炒均匀即可。

养生也能好美味

川耳指的其实就是小朵的干燥黑木耳，比大朵的新鲜黑木耳口感更好、更脆些。

25 金针菇炒黄瓜

* 材料 *

金针菇	150克
茭白	1条
小黄瓜	1条
红辣椒	1/2个
葱	1根
香菜	少许

* 调味料 *

味醂	1小匙
盐	少许

* 做法 *

1. 金针菇切去根部后洗净；茭白剥去外皮后洗净、切片备用。
2. 红辣椒洗净、切长片；葱洗净、切段；小黄瓜洗净、对切后切长片，备用。
3. 热锅，倒入约1大匙油烧热，先放入红辣椒片和葱段爆香，再放入茭白片、小黄瓜片以中火炒香。
4. 锅内加入金针菇、味醂和盐一起拌炒均匀、盛盘，再加入香菜作装饰即可。

26 素蚝油烧金针菇

* 材料 *

金针菇	200克
豆苗	50克
姜末	20克
水	100毫升
黑芝麻	少许
白芝麻	少许

* 调味料 *

素蚝油	3大匙
糖	1小匙
香油	少许

* 做法 *

1. 金针菇洗净切小段；豆苗取嫩叶洗净，放入沸水中加入盐、油各少许（皆分量外）氽烫后捞起备用。
2. 取锅，加入适量油（材料外），将姜末放入锅中爆香，再放入金针菇炒至微软。
3. 加入所有调味料、水、焖烧入味后盛盘，再将豆苗放入。
4. 撒上黑白芝麻作装饰即可。

养生也能好美味

姜末炒到微焦，等香气出来后再放入金针菇拌炒，这样整道菜会更加美味。

27 金针菇韩式煎饼

＊材料＊

金针菇 ·············1把
三色豆 ·········150克
葱 ···················1根

＊调味料＊

盐 ·····················少许
白胡椒 ·············少许

＊面糊材料＊

面粉 ·················1杯
水 ··················2/3杯
淀粉 ·············1大匙
鸡蛋 ·················1个
韩式辣粉 ·········1小匙

＊做法＊

1. 金针菇去蒂，洗净切成小段；三色豆洗净；葱洗净切葱花，备用。
2. 将所有调味料和面糊材料搅拌均匀，至有点粘性成面糊后再静置约10分钟。
3. 将做法1的所有材料加入面糊中，再轻轻地搅拌均匀。
4. 取一平底锅，锅中加入少许色拉油烧热，再将面糊倒入，以中火煎至双面上色即可。

养生也能好美味

煎饼的面糊在调好后，建议静置10～20分钟，这样煎好的饼口感会更好。

28 松子甜椒口蘑

材料

口蘑100克、红甜椒50克、黄甜椒50克、松子2小匙、麻油1小匙、姜末10克、米酒50毫升

调味料

盐1/4小匙、黑胡椒粉1/4小匙

做法

1. 将红甜椒、黄甜椒洗净去蒂后切丁，放入沸水中汆烫1分钟，再沥干备用。
2. 口蘑洗净后切丁，放入沸水中汆烫1分钟，再沥干备用。
3. 热锅，倒入麻油，爆香姜末，放入红甜椒丁、黄甜椒丁，再放入口蘑丁与米酒翻炒均匀。
4. 放入松子、盐、黑胡椒粉调味拌匀即可。

养生也能好美味

色彩丰富的甜椒在营养上也相当丰富，含许多类胡萝卜素、辣椒素，因此具有很好的抗氧化功效，产妇在月子期间食之也可提升体力。

29 香蒜奶油蘑菇

材料

蘑菇	80克
蒜片	15克
红甜椒	60克
黄甜椒	40克
巴西里末	适量

调味料

无盐奶油	2大匙
盐	1/4小匙
白葡萄酒	2大匙

做法

1. 蘑菇洗净切片；红甜椒、黄甜椒洗净切斜片，备用。
2. 热锅，放入奶油，待奶油融化后放入蒜片，以小火炒香。
3. 加入蘑菇片略煎香，再加入红甜椒、黄甜椒炒匀，最后加入盐及白葡萄酒一起翻炒均匀，撒上新鲜巴西里末即可。

养生也能好美味

奶油比一般食用油更容易焦化，所以在热锅时火力不要太大，这样才会风味香浓且没有焦味。

30 蘑菇炒虾仁

＊材料＊

蘑菇················150克
虾仁················100克
蒜蓉··················2颗
葱·····················2根
红辣椒················1个

＊调味料＊

香油··············1小匙
米酒··············1大匙
酱油··············1小匙
盐··················少许
白胡椒············少许
水··················适量

＊做法＊

1. 蘑菇洗净，切成小块；虾仁挑去沙肠；蒜蓉、红辣椒皆洗净切片；葱洗净切段，备用。
2. 取一只炒锅，加入1大匙色拉油烧热，放入蘑菇以中火先炒香，再加入蒜片、红辣椒片、葱段一起翻炒均匀。
3. 加入虾仁和所有调味料，翻炒均匀即可。

煎炒烧烩

31 蘑菇炒腊肠

材料

蘑菇 ·············· 80克
广东腊肠 ········· 150克
蒜苗 ·············· 50克
红辣椒 ············· 1个

调味料

盐 ·············· 1/2小匙
细砂糖 ·········· 1/2小匙
米酒 ············· 1大匙
水 ·············· 2大匙
香油 ············· 1小匙

做法

1. 广东腊肠放入蒸锅中，以大火蒸约10分钟至熟后切薄片备用。
2. 蘑菇洗净切片；蒜苗洗净切斜片；红辣椒洗净去籽切片，备用。
3. 热锅，倒入少许油，以小火爆香红辣椒片后，加入腊肠片略煸炒约10秒，加入蘑菇片、蒜苗片及盐、细砂糖、米酒、水，以大火快炒约30秒，淋上香油即可。

32 百里香奶油烩蘑菇

＊材料＊

蘑菇	100克
洋葱	1/2个
百里香	2根
蒜蓉	2颗
胡萝卜	50克

＊调味料＊

月桂叶	2片
奶油	2大匙
盐	少许
黑胡椒	少许
水	200毫升

＊做法＊

1. 将蘑菇洗净，再切成小块；洋葱洗净切丝；蒜蓉与胡萝卜洗净切片，备用。
2. 取一只炒锅，加入1大匙色拉油烧热，放入洋葱丝、蒜片与胡萝卜片，以中火先爆香，再加入蘑菇块、百里香和所有调味料炒匀。
3. 以中火将蘑菇块煮至软化入味，汤汁略收干再以新鲜百里香装饰即可。

33 腐乳蘑菇煲

＊材料＊

蘑菇160克、鲜香菇100克、猪后腿肉200克、洋葱1/2个、蒜蓉2颗、红辣椒1个、葱1根

＊调味料＊

豆腐乳1块、砂糖1小匙、辣豆瓣酱1小匙、水适量、盐少许、黑胡椒少许

＊腌料＊

香油1小匙、酱油1小匙、盐少许、白胡椒少许、淀粉1大匙

＊做法＊

1. 将蘑菇和鲜香菇洗净、对切；洋葱洗净切小片；蒜蓉与红辣椒洗净皆切片；葱洗净切段备用。
2. 猪后腿肉切片，放入腌料中抓拌均匀，腌渍约15分钟，再放入油锅中，稍微过油，捞起沥油备用。
3. 取一只炒锅，倒入1大匙色拉油烧热，加入做法1的材料以中火先爆香，再加入猪后腿肉片翻炒均匀。
4. 加入调味料拌炒均匀，再改以中火略煮至收汁，最后撒上葱段拌匀即可。

34 意大利醋拌蘑菇

＊材料＊

蘑菇……………………200克
胡萝卜…………………50克
洋葱……………………1/2个
蒜蓉……………………3颗
月桂叶…………………2片
百里香…………………2根

＊调味料＊

意大利白酒醋……3大匙
橄榄油……………1/2杯
水…………………适量
盐…………………少许
黑胡椒……………少许

＊做法＊

1. 蘑菇洗净后沥干水分；洋葱洗净切大块；胡萝卜洗净切片；蒜蓉拍扁，备用。
2. 取一只炒锅，加入橄榄油烧热，再加入做法1的材料以中火先炒香。
3. 放入其余的调味料、月桂叶和百里香，以中火煮约5分钟，放凉即可。

35 香根草菇

＊材料＊

草菇……………150克
香菜……………30克
香油……………1大匙
姜丝……………10克
红辣椒丝…………10克

＊调味料＊

蚝油…………1/2大匙
米酒…………1大匙
糖……………1/2小匙

＊做法＊

1. 香菜洗净切段；草菇洗净，蒂头划十字，备用。
2. 热锅，倒入香油，加入姜丝、红辣椒丝炒香，再放入草菇煎至上色。
3. 加入所有调味料拌炒至入味，起锅前加入香菜段炒匀即可。

养生也能好美味

草菇因为蒂头较蕈摺厚，在烹调前最好在蒂头处划十字，这样可以平均草菇两端的加热速度；香菜煮太久会变黑变烂，只要在起锅前加入稍拌炒一下即可。

36 什锦烩草菇

＊材料＊

草菇⋯⋯⋯⋯200克
胡萝卜⋯⋯⋯⋯1/3根
虾仁⋯⋯⋯⋯⋯80克
西芹⋯⋯⋯⋯⋯3根
蒜蓉⋯⋯⋯⋯⋯2颗
红辣椒⋯⋯⋯⋯1个

＊调味料＊

香油⋯⋯⋯⋯⋯1小匙
辣豆瓣⋯⋯⋯⋯1小匙
盐⋯⋯⋯⋯⋯⋯少许
白胡椒⋯⋯⋯⋯少许
水⋯⋯⋯⋯⋯⋯适量
水淀粉⋯⋯⋯⋯适量

＊做法＊

1. 将草菇洗净再对切；虾仁去沙肠，备用。
2. 胡萝卜、西芹皆洗净切小片；蒜蓉与红辣椒洗净切片，备用。
3. 取一只炒锅，加入1大匙色拉油烧热，再加入做法2的材料，以中火先爆香。
4. 放入做法1的材料与所有调味料，翻炒均匀即可。

37 草菇麻婆豆腐

＊材料＊

草菇 …………… 120克
嫩豆腐 ………… 1盒
素肉丝 ………… 30克
葱 ……………… 2根
蒜蓉 …………… 2颗
红辣椒 ………… 1个

＊调味料＊

辣豆瓣酱 ……… 1大匙
细砂糖 ………… 少许
水 ………… 200毫升
水淀粉 ………… 少许
香油 …………… 1小匙

＊做法＊

1. 素肉丝泡软；草菇洗净对切；豆腐切小块；葱、蒜蓉、红辣椒皆洗净切碎，备用。
2. 取一只炒锅，倒入1大匙色拉油烧热，再加入素肉丝、红辣椒碎、蒜碎，以中火先爆香。
3. 放入草菇，加入辣豆瓣酱、细砂糖和水拌炒均匀，待水沸后再淋入水淀粉勾薄芡，接着加入豆腐块烩煮一下，起锅前淋上香油、撒上葱碎即可。

38 芦笋烩珊瑚菇

材料

珊瑚菇 ············ 150克
芦笋 ············· 100克
火腿 ·············· 2片
胡萝卜 ············ 30克
蒜蓉 ·············· 2颗
红辣椒 ············ 1个

调味料

香油 ············· 1小匙
砂糖 ·············· 少许
黄豆酱 ············ 1小匙
盐 ··············· 少许
白胡椒 ············ 少许
水淀粉 ············ 少许

做法

1. 珊瑚菇去蒂，切小块再洗净；火腿切小片；芦笋洗净去老丝，切斜片；胡萝卜洗净切小片，蒜蓉与红辣椒洗净皆切片，备用。
2. 取一只炒锅，倒入1大匙色拉油烧热，再加入蒜片与红辣椒片，以中火先爆香。
3. 加入其余做法1的材料与所有调味料，翻炒至所有材料入味即可。

养生也能好美味

料理珊瑚菇时，不需要将珊瑚菇一支一支分开，只需要洗净切除蒂头，以避免养分在清洁、烹煮的过程中过度流失。

芝麻香烧什锦菇　珊瑚菇烩丝瓜

泰式双鲜珊瑚菇　糖醋珊瑚菇

39 芝麻香烧什锦菇

材料

松茸菇 ………… 100克
金针菇 ………… 1/2把
珊瑚菇 ………… 50克
豆芽菜 ………… 100克
洋葱花 ………… 30克
蒜泥 ………… 5克
韭菜 ………… 2根
熟白芝麻 ………… 适量

调味料

豆瓣酱 ………… 1大匙
酱油 ………… 2大匙
味酥 ………… 1大匙
米酒 ………… 1大匙
糖 ………… 1/2小匙
水 ………… 100毫升

做法

1. 所有调味料混合均匀；韭菜洗净切段，熟白芝麻磨碎，备用。
2. 热锅，倒入适量油，放入洋葱花、蒜泥炒香，加入所有菇类、韭菜段、豆芽菜及调味料煮至沸腾。
3. 撒上熟白芝麻碎即可。

40 珊瑚菇烩丝瓜

材料

珊瑚菇 ………… 120克
丝瓜 ………… 1/2条
虾仁 ………… 80克
姜丝 ………… 10克
葱段 ………… 10克

调味料

盐 ………… 1/4小匙
鸡粉 ………… 1/4小匙
米酒 ………… 1大匙
香油 ………… 少许

腌料

米酒 ………… 1小匙
盐 ………… 少许
淀粉 ………… 少许

做法

1. 珊瑚菇洗净；丝瓜洗净去皮切块；虾仁洗净，加入腌料腌5分钟。
2. 热锅后加入2大匙油（材料外），再放入姜丝、葱段爆香，最后加入丝瓜拌炒后加水煮沸。
3. 放入珊瑚菇、虾仁和所有调味料，以少许水淀粉（分量外）勾芡即可。

41 泰式双鲜珊瑚菇

材料

珊瑚菇 ………… 150克
墨鱼 ………… 100克
草虾 ………… 6只
蒜蓉 ………… 2颗
红辣椒 ………… 1个
葱 ………… 1根

调味料

泰式甜鸡酱 ………… 1大匙
柠檬汁 ………… 1小匙
盐 ………… 少许
黑胡椒 ………… 少许
水 ………… 适量
柠檬叶 ………… 少许

做法

1. 珊瑚菇去蒂，再洗净沥干水分；墨鱼洗净切块再切花；草虾去沙肠洗净，备用。
2. 将蒜蓉、红辣椒、青葱皆洗净切片，备用。
3. 取一只炒锅，倒入1大匙色拉油，加入做法2的材料以中火爆香，再加入珊瑚菇、墨鱼块和草虾拌炒均匀。
4. 加入所有调味料，再以大火翻炒均匀即可。

42 糖醋珊瑚菇

材料

珊瑚菇 ………… 130克
大西红柿 ………… 1个
洋葱 ………… 1/2个
蒜蓉 ………… 2颗
红辣椒 ………… 1/2个
葱段 ………… 10克

调味料

番茄酱 ………… 2大匙
白醋 ………… 1小匙
砂糖 ………… 1小匙
水 ………… 适量
香油 ………… 少许

做法

1. 珊瑚菇洗净、去蒂；洋葱与大西红柿洗净切大块；蒜蓉与红辣椒皆洗净切片，备用。
2. 取一只炒锅，倒入1大匙色拉油烧热，再加入蒜片、红辣椒片与青葱段以中火先爆香。
3. 再加入做法1的其余材料和所有调味料，煮至汤汁略收干、食材入味即可。

43 咖喱烩秀珍菇

* 材料 *

秀珍菇 ············ 250克
五花肉 ············ 100克
红辣椒 ·············· 1个
蒜蓉 ·············· 2颗
葱 ················ 1根

* 调味料 *

咖喱粉 ············ 1小匙
酱油 ·············· 1小匙
盐 ················ 少许
黑胡椒 ············ 少许

* 做法 *

1. 先将秀珍菇洗净，再切成小段，备用。
2. 五花肉切片；红辣椒、蒜蓉切片；葱洗净切段，备用。
3. 取一只炒锅，倒入1大匙色拉油烧热，加入做法2的材料以中火先爆香，再加入秀珍菇段与所有调味料，烩煮均匀即可。

44 姜丝秀珍菇

* 材料 *

秀珍菇 ············ 150克
芥蓝菜 ············ 130克
姜丝 ·············· 10克
枸杞子 ·············· 5克

* 调味料 *

盐 ·············· 1/4小匙
鸡粉 ············ 1/4小匙
米酒 ·············· 2大匙

* 做法 *

1. 将秀珍菇洗净；芥蓝菜洗净切段再放入沸水中汆烫，加入少许盐（分量外）后捞出。
2. 热锅后加入2大匙油（材料外），再放入姜丝、秀珍菇、枸杞子炒约2分钟。
3. 放入芥蓝菜和所有调味料拌炒入味即可。

养生也能好美味

芥蓝菜汆烫过水后再炒，吃起来的苦味会减少许多。

45 笋片炒鲜香菇

材料

鲜香菇 ·········· 100克
竹笋 ·············· 50克
胡萝卜片 ········· 20克
姜片 ·············· 10克
葱段 ·············· 10克

调味料

黄豆酱 ············ 1小匙
破布籽 ············ 1小匙
糖 ················ 1小匙
水 ·············· 50毫升

做法

1.鲜香菇、竹笋洗净切片，放入沸水中汆烫，
  备用。
2.热锅，加入适量色拉油，放入葱段、姜片、
  胡萝卜片炒香，再加入做法1的材料及所有
  调味料快炒均匀即可。

46 沙茶炒什锦

材料

杏鲍菇 ·········· 30克
香菇 ············· 30克
草菇 ············· 30克
白菇 ············· 30克
芦笋 ············· 30克
胡萝卜 ··········· 30克
上海青 ··········· 50克
玉米笋 ··········· 30克
西蓝花 ··········· 30克

调味料

沙茶酱 ··········· 1大匙
香菇粉 ··········· 1小匙
盐 ············· 1/4小匙
香油 ············· 1小匙

做法

1.将所有材料洗净切段或块，放入沸水中烫
  熟，捞起备用。
2.热锅，倒入适量油烧热，放入沙茶酱炒香，
  再放入做法1的所有材料拌炒均匀。
3.加入其余调味料拌炒均匀即可。

法式炒蘑菇　　香菇炒鸡柳

泡菜烧鲜菇　　蚝油鲍鱼菇

47 法式炒蘑菇

材料

鲜蘑菇 ················ 160克
蒜蓉 ······················ 2颗
红葱头 ··················· 2颗
小豆苗 ················· 少许

调味料

荷兰芹末 ·············· 5克
盐 ·························· 适量
白胡椒粉 ·············· 适量

做法

1.鲜蘑菇洗净切小块；蒜蓉、红葱头拍碎，备用。
2.热锅，加入20毫升橄榄油、蒜碎、红葱头碎炒香。
3.加入蘑菇块、盐、白胡椒粉拌匀后离火，加入荷兰芹末拌匀，最后盛盘并以小豆苗装饰即可。

48 香菇炒鸡柳

材料

鸡腿 200克、鲜香菇 150克

调味料

盐1/2小匙、糖1/4小匙

腌料

盐1/2小匙、淀粉1小匙、米酒1/2小匙、胡椒粉1/4小匙、糖少许

辛香料

姜末1/2小匙、青蒜少许

做法

1.去骨鸡腿肉切成条，加入所有腌料，静置15分钟。
2.鲜香菇去蒂后切成条、青蒜切片，洗净后备用。
3.取锅，加入1/5锅油烧热，放入腌好的鸡柳炸2分钟，捞起过油沥干，并将油倒出。
4.将锅重新加热，放入姜末略炒，再加入鲜香菇条，以小火炒至软，加入所有调味料、青蒜片与炸过的鸡柳，以大火快炒1分钟即可。

49 泡菜烧鲜菇

材料

秀珍菇(大) ······· 120克
金针菇 ············· 1/2把
猪肉薄片 ··········· 100克
韩式泡菜 ··········· 100克

调味料

A.淡色酱油 ········· 1大匙
  味醂 ·············· 1/2大匙
B.盐 ·················· 少许
  白胡椒粉 ·········· 少许

做法

1.在猪肉薄片上撒上调味料B；金针菇洗净去蒂头切段，备用。
2.热锅，倒入适量油，放入猪肉薄片煎至上色，放入秀珍菇、金针菇段炒匀。
3.加入调味料A、韩式泡菜拌炒均匀即可。

养生也能好美味

大型的秀珍菇不好买到，用鲍鱼菇代替也会有同样的好滋味哦。

50 蚝油鲍鱼菇

材料

鲍鱼菇 ············· 120克
上海青 ··············· 4棵
姜末 ················· 10克

调味料

A.高汤 ··············· 80毫升
  蚝油 ··············· 2大匙
  白胡椒粉 ······· 1/4小匙
  料酒 ··············· 1大匙
B.盐 ·················· 少许
  水淀粉 ············· 1小匙
  香油 ··············· 1大匙

做法

1.鲍鱼菇洗净切斜片；上海青洗净去尾段后剖成四瓣，备用。
2.烧一锅水，将鲍鱼菇及上海青分别入锅氽烫约5秒后冲凉沥干备用。
3.热锅，放入少许油，将上海青下锅，加入盐炒匀后起锅，围在盘上作装饰备用。
4.另热锅，倒入1大匙油，以小火爆香姜末，放入鲍鱼菇及调味料A，以小火略煮约半分钟后，以水淀粉勾芡，淋上香油拌匀，装入摆好上海青的盘中即可。

51 香蒜黑珍珠菇

材料

黑珍珠菇·········150克
培根·············2片
蒜苗·············2根
蒜头·············5克

调味料

盐·············适量
鸡粉·············适量

做法

1. 蒜苗洗净切斜长片；蒜头切片；培根切小片，备用。
2. 热锅，倒入少许油，放入蒜片炒香，再放入培根炒出油脂。
3. 放入黑珍珠菇、蒜苗片炒匀，再以盐、鸡粉调味即可。

养生也能好美味

黑珍珠菇外表跟柳松菇、松茸菇很像，口感也相近，所以如果买不到黑珍珠菇也可以用柳松菇或松茸菇替换；培根本身会出油，因此热锅时别加太多油。

52 素蟹黄黑珍珠菇

材料

胡萝卜·············1根
姜末·············5克
黑珍珠菇·········100克

调味料

A. 高汤·········200毫升
　盐·············1/4小匙
　白胡椒粉·········1/8小匙
　水淀粉·········1小匙
B. 盐·············少许

做法

1. 胡萝卜用汤匙刮出约100克碎屑备用。
2. 热锅，倒入少许油，将黑珍珠菇下锅，加入调味料B及50毫升高汤，炒约30秒后取出沥干装盘。
3. 另热锅，倒入5大匙色拉油，将胡萝卜屑入锅，以微火慢炒，炒约4分钟至色拉油变橘红色，胡萝卜软化成泥状。
4. 加入姜末炒香，再加入150毫升高汤、盐、白胡椒粉，以小火煮约1分钟后，用水淀粉勾薄芡，淋至黑珍珠菇上即可。

53 干锅柳松菇

＊材料＊

柳松菇	220克
干辣椒	3克
蒜片	10克
姜片	15克
芹菜	50克
蒜苗	60克

＊调味料＊

蚝油	1大匙
辣豆瓣酱	2大匙
细砂糖	1大匙
米酒	30毫升
水	80毫升
水淀粉	1大匙
香油	1大匙

＊做法＊

1. 柳松菇洗净切去根部；芹菜洗净切小段；蒜苗洗净切片，备用。
2. 热油锅至油温约160℃，将柳松菇下油锅炸至干香后起锅沥油备用。
3. 锅中留少许油，以小火爆香姜片、蒜片、干辣椒，加入辣豆瓣酱炒香。
4. 加入柳松菇、芹菜及蒜苗片炒匀，放入蚝油、细砂糖、米酒及水，以大火炒至汤汁略收干，以水淀粉勾芡后淋上香油，盛入砂锅即可。

54 柳松菇炒鸡柳

＊材料＊

柳松菇	80克
鸡胸肉	100克
姜丝	5克
葱段	10克
红甜椒丝	45克

＊调味料＊

A.淀粉	1小匙
米酒	1/2小匙
B.盐	1/4小匙
细砂糖	1/4小匙
米酒	1小匙
水	1大匙
水淀粉	1小匙
香油	1小匙

＊做法＊

1. 鸡胸肉切条，用调味料A抓匀腌渍2分钟后与柳松菇一起氽烫约20秒，捞起沥干备用。
2. 热锅，倒入约1大匙油，以小火爆香葱段、姜丝、红甜椒丝，放入鸡柳及柳松菇，以大火快炒几下后加入调味料B的盐、细砂糖、米酒及水。
3. 略炒几下后以水淀粉勾芡，最后淋上香油即可。

55 芦笋炒雪白菇

＊材料＊

雪白菇	120克
芦笋	60克
胡萝卜	25克
黑木耳	20克
蒜片	10克
红辣椒片	10克

＊调味料＊

盐	1/4小匙
鸡粉	1/4小匙
米酒	1小匙

＊做法＊

1. 雪白菇洗净去蒂头；胡萝卜洗净切片；黑木耳洗净切片；芦笋洗净切段备用。
2. 将胡萝卜片、黑木耳片放入沸水中氽烫后备用。
3. 热锅加入2大匙油（材料外），放入蒜片、红辣椒片爆香，再加入雪白菇炒约1分钟。
4. 放入胡萝卜片、黑木耳片、芦笋段，再加入所有调味料拌炒至入味即可。

养生也能好美味

芦笋的边角要用刨刀刮一刮，以将较老旧的皮刮除，这样吃起来才不会太硬。

56 翠绿雪白

材料

白灵菇 ………… 100克
细芦笋 ………… 50克
芹菜 …………… 30克
姜丝 …………… 5克
红辣椒 ………… 1个

调味料

淡色酱油 ……… 1大匙
糖 ……………… 1/2小匙

做法

1.细芦笋放入沸水中氽烫约10秒切段；芹菜洗净去叶片切段；红辣椒洗净切丝，备用。
2.热锅，倒入适量油，放入姜丝、红辣椒丝爆香，再放入白灵菇、芹菜段炒匀。
3.加入所有调味料炒至入味，再放入细芦笋段炒匀即可。

养生也能好美味

这道菜要突显芦笋的翠绿与白灵菇的雪白，因此不建议用传统酱油，否则会导致颜色太深让菜色不好看，使用淡色酱油或和风柴鱼酱油颜色就会淡些，炒出来的菜才会漂亮。

57 沙茶炒白灵菇

＊材料＊

白灵菇	150克
西芹	100克
红甜椒	40克
蒜片	10克

＊调味料＊

沙茶酱	1大匙
盐	1/4小匙
米酒	1大匙
糖	少许

＊做法＊

1. 白灵菇洗净切段；西芹、红甜椒洗净切片备用。
2. 热锅加入2大匙油（材料外），放入蒜片爆香，再放入白灵菇拌炒。
3. 放入西芹片、红甜椒片和所有调味料，拌炒入味即可。

58 XO酱爆白灵菇

＊材料＊

白灵菇	150克
甜豆荚	100克
蒜泥	10克
红辣椒	1个

＊调味料＊

XO酱	2大匙
米酒	1大匙
水	2大匙
香油	1小匙
盐	少许

＊做法＊

1. 白灵菇洗净切小段；甜豆荚洗净撕去粗筋；红辣椒洗净去籽切片，备用。
2. 热锅，倒入少许油，放入蒜泥及XO酱略炒香，加入甜豆荚及白灵菇翻炒均匀。
3. 加入盐、米酒及水，以中火炒约30秒，淋上香油即可。

59 碧玉养生菇

＊材料＊

美白菇40克、松茸菇40克、柳松菇40克、碧玉笋120克、胡萝卜片20克、姜丝10克

＊调味料＊

盐1/4小匙、香菇粉1/4小匙、米酒1/2大匙、水适量

＊做法＊

1. 将美白菇、松茸菇、柳松菇洗净去蒂；碧玉笋洗净切段。
2. 热锅后放入2大匙油（材料外），加入姜丝爆香，再放入做法1的材料和胡萝卜片炒约1分钟。
3. 放入所有调味料拌炒至入味即可。

60 酱爆脆菇

＊材料＊

白灵菇	200克
蒜泥	20克
葱段	30克
红辣椒	1个

＊调味料＊

沙茶酱	2大匙
酱油膏	1大匙
细砂糖	1/2小匙
米酒	2大匙
水	1大匙
水淀粉	1小匙
香油	1小匙

＊做法＊

1. 白灵菇洗净切小段；红辣椒洗净切片，备用。
2. 热锅，倒入约2大匙油，以小火爆香蒜泥、辣椒片及沙茶酱，加入白灵菇炒匀。
3. 加入酱油膏、水、米酒、细砂糖，转中火炒约1分钟，加入水淀粉勾芡炒匀，淋入香油即可。

61 干贝烩珍菇

＊材料＊

白珍珠菇	400克
上海青	1棵
干贝	2粒
姜末	5克

＊调味料＊

A.高汤	50毫升
盐	1/4小匙
B.高汤	200毫升
盐	1/4小匙
细砂糖	1/4小匙
水淀粉	1大匙
香油	1小匙

＊做法＊

1. 干贝放碗里加入水(淹过干贝)，入蒸笼蒸约10分钟后放凉剥丝备用。
2. 上海青去尾段后剖成四瓣，将白珍珠菇及上海青分别入沸水中汆烫约5秒，冲凉沥干备用。
3. 热锅，倒入少许油，将上海青下锅，加入少许盐(配方外)炒匀起锅，围在盘上作装饰备用。
4. 另热锅，倒入少许油，以小火爆香姜末，放入白珍珠菇及调味料A，以小火煮沸约1分钟，将白珍珠菇捞出排放至摆了上海青的盘中。
5. 将调味料B中的高汤、盐、细砂糖、白胡椒粉及干贝丝煮沸，以水淀粉勾芡后加入香油，淋在盘中即可。

枸杞炒菇丁　玉米笋炒百菇

大头菜烧菇　菱角烩鲜菇

62 枸杞炒菇丁

材料

杏鲍菇 ············ 50克	
鲜香菇 ············ 50克	
白灵菇 ·········· 100克	
葱花 ·············· 50克	
枸杞子 ············ 10克	
蒜泥 ··············· 5克	

调味料

盐 ·············· 1/2小匙	
细砂糖 ·········· 1/2小匙	
白胡椒粉 ········ 1/4小匙	
米酒 ············· 2大匙	
水 ·············· 2大匙	

做法

1. 枸杞子泡水1分钟后沥干；杏鲍菇、鲜香菇、白灵菇均洗净切丁，备用。
2. 热锅，倒入2大匙色拉油，加入蒜泥及葱花，以小火炒香。
3. 加入菇丁及枸杞子一起炒匀，再加入所有调味料，以中火炒至水分收干即可。

63 玉米笋炒百菇

材料

鲜香菇 ············ 50克	
松茸菇 ············ 40克	
秀珍菇 ············ 40克	
玉米笋 ·········· 100克	
荷兰豆 ············ 40克	
胡萝卜 ············ 20克	
蒜片 ·············· 10克	

调味料

盐 ·············· 1/4小匙	
米酒 ············· 1小匙	
鸡粉 ············· 少许	
香油 ············· 少许	

做法

1. 玉米笋切段后放入沸水中氽烫一下；鲜香菇洗净切片；松茸菇洗净去蒂头，荷兰豆洗净去头尾及两侧粗丝；胡萝卜去皮切片，备用。
2. 热锅，倒入适量的油，放入蒜片爆香，加入所有菇类与胡萝卜片炒匀。
3. 加入荷兰豆及玉米笋炒匀，再加入所有调味料炒至入味即可。

64 大头菜烧菇

材料

鲜香菇 ·········· 100克	A.淡色酱油 ······· 1大匙
蘑菇 ············ 100克	味酥 ············· 1大匙
大头菜 ·········· 200克	B.糖 ············· 1大匙
樱花虾 ············· 5克	

调味料

做法

1. 将鲜香菇表面洗净划刀，切大块；大头菜去皮，切成约0.1厘米厚的薄片，加入调味料B腌约15分钟后，洗净沥干，备用。
2. 热锅，倒入适量油，放入樱花虾炒香，再放入香菇块、蘑菇煎至上色。
3. 加入调味料A拌炒入味，再加入大头菜片炒匀即可。

65 菱角烩鲜菇

材料

A.草菇40克、松茸菇40克、生菱角仁200克、里脊肉50克、甜豆荚30克、白果20克、红辣椒1个、蒜泥少许、洋葱花少许、市售高汤200毫升

B.淀粉 1大匙、水80毫升

调味料

A.鸡粉少许、盐1/4小匙、乌醋1小匙

B.香油少许

做法

1. 生菱角仁、去芯白果仁洗净沥干水分，放入电锅内锅，外锅加1杯水（或放入蒸锅中，蒸约30分钟）蒸熟备用。
2. 里脊肉洗净切小片；红辣椒洗净切菱形片；材料B混合成水淀粉备用。
3. 草菇、松茸菇、甜豆荚以沸水氽烫一下，捞起泡冷水备用。
4. 钢锅中放入2大匙色拉油，放入蒜泥、洋葱花以中火爆香，加入里脊肉片、红辣椒片略炒，倒入市售高汤煮沸后，再放入菱角仁、白果仁。
5. 将草菇、松茸菇、甜豆放入钢锅中炒一下，再加入调味料A拌炒。
6. 慢慢倒入水淀粉勾芡，再加入调味料B即可。

66 香辣树菇

＊材料＊

黑珍珠菇⋯⋯⋯⋯120克
杏鲍菇⋯⋯⋯⋯⋯80克
干辣椒⋯⋯⋯⋯⋯3克
蒜泥⋯⋯⋯⋯⋯⋯10克
葱段⋯⋯⋯⋯⋯⋯50克
花椒⋯⋯⋯⋯⋯⋯2克

＊调味料＊

酱油⋯⋯⋯⋯⋯3大匙
细砂糖⋯⋯⋯⋯2大匙
料酒⋯⋯⋯⋯30毫升
香油⋯⋯⋯⋯⋯1大匙

＊做法＊

1.黑珍珠菇洗净切去根部；杏鲍菇洗净切粗条，备用。
2.热油锅至油温约160℃，将黑珍珠菇及杏鲍菇下油锅炸至干香后起锅沥油备用。
3.锅中留少许油，以小火爆香蒜泥、葱段、干辣椒及花椒。
4.加入黑珍珠菇及杏鲍菇炒匀后，放入酱油、细砂糖、料酒，以大火炒至汤汁略收干，淋上香油即可。

67 舞菇烩娃娃菜

＊材料＊

舞菇··············140克
娃娃菜············150克
白果··············30克
猪肉片············60克
蒜片··············10克
葱段··············10克
胡萝卜片··········25克
高汤··············100毫升

＊调味料＊

盐···············1/4小匙
糖···············1/4小匙
鸡粉·············1/4小匙
水淀粉···········少许

＊腌料＊

酱油·············1/4小匙
米酒·············1小匙
淀粉·············少许

＊做法＊

1. 先将舞菇、娃娃菜洗净备用。
2. 将娃娃菜放入沸水中汆烫后捞起；将猪肉片放入腌料中，腌5分钟后过油捞起备用。
3. 热锅倒入2大匙的油（材料外）后，依序放入蒜片、葱段炒香。
4. 继续放入舞菇、娃娃菜、猪肉片、胡萝卜和白果拌炒均匀。
5. 加入所有调味料（除水淀粉外），再加入高汤煮沸后，以水淀粉勾芡即可。

养生也能好美味

处理娃娃菜时，可先将整颗汆烫后再切开，以防汆烫时散开导致成品不够美观。

68 素香菇炸酱

＊材料＊
干香菇蒂80克、豆干100克、姜30克、芹菜50克

＊调味料＊
色拉油4大匙、豆瓣酱2大匙、甜面酱3大匙、细砂糖1大匙、水300毫升、香油2大匙

＊做法＊
1. 干香菇蒂泡水约30分钟，至完全软化后捞起沥干，放入调理机中打碎取出备用。
2. 豆干切小丁；姜和芹菜洗净切碎，备用。
3. 锅烧热，倒入色拉油，以小火爆香姜末及芹菜碎，加入香菇蒂碎炒至干香。
4. 加入豆瓣酱及甜面酱略炒香后加入细砂糖和水，煮至滚沸后改转小火继续煮约5分钟至浓稠，最后淋入香油即可。

养生也能好美味

干香菇蒂纤维多，口感扎实，加在炸酱中可取代肉类，增加口感和香气，做成素炸酱；干香菇蒂较硬，不易切成丁，所以也可放入食物调理机中打碎后再使用。

69 香菇素肉臊

＊材料＊
干香菇蒂头……300克
姜末……40克
竹笋末……50克
豆干末……80克

＊调味料＊
酱油……3大匙
冰糖……1小匙
五香粉……1/2小匙
肉桂粉……1/2小匙
水……700毫升

＊做法＊
1. 干香菇泡发后，取蒂头，剁成碎末备用。
2. 取锅烧热，加入少许油，放入香菇蒂头碎爆炒至干，再加入其余材料炒香，最后加入所有调味料焖煮约35分钟即可。

用香菇蒂头制作肉泥

70 干锅香菇豆腐煲

＊材料＊

干香菇	60克
老豆腐	200克
干辣椒	3克
蒜片	10克
姜片	15克
芹菜	50克
蒜苗	60克

＊调味料＊

辣豆瓣酱	2大匙
蚝油	1大匙
细砂糖	1大匙
米酒	30毫升
水	80毫升
水淀粉	1大匙
香油	1大匙

＊做法＊

1. 干香菇用约1碗水泡软后取出沥干，分切成两等分；老豆腐切片；芹菜洗净切小段；蒜苗洗净切片，备用。
2. 热油锅至油温约180℃，放入豆腐片，炸至表面金黄后取出，再加入干香菇炸香，起锅沥油备用。
3. 另取锅烧热，倒入少许色拉油，以小火爆香姜片、蒜片和干辣椒。
4. 加入辣豆瓣酱炒香，放入香菇、芹菜段及蒜苗片炒匀后，放入蚝油、细砂糖、米酒及水。
5. 加入炸豆腐片，以小火煮至汤汁略收干，用水淀粉勾芡后淋入香油，最后盛入锅中即可。

花菇香卤萝卜　香菇盒子

香卤杏鲍菇　鸡汁卤白灵菇

71 花菇香卤萝卜

＊材料＊		＊调味料＊	
花菇	6朵	盐	少许
白萝卜	600克	糖	少许
胡萝卜	200克	淡酱油	100克
姜片	10克	味醂	50克
水	1200毫升		

＊做法＊

1. 花菇洗净泡软；白萝卜、胡萝卜洗净去皮、切块，备用。
2. 锅中加水煮沸，放入白萝卜块、胡萝卜块、花菇、姜片和所有调味料，待再度滚沸后转小火卤约25分钟即可。

72 香菇盒子

＊材料＊		＊腌料＊	
干香菇	120克	中筋面粉	30克
素火腿肉末	50克	酱油	1小匙
姜末	10克	素沙茶酱	1小匙
素高汤	200毫升	砂糖	1小匙
美生菜	60克	五香粉	少许

＊做法＊

1. 干香菇泡软洗净去蒂头，加入素高汤中蒸约15分钟，取出沥干备用。
2. 美生菜切丝，放入沸水中略汆烫后，捞起铺在盘底。
3. 将其余材料和混合拌匀的腌料拌匀，填入香菇中，放入电锅内蒸至开关跳起（外锅加1/5杯水），取出放在美生菜丝上即可。

73 香卤杏鲍菇

＊材料＊		＊调味料＊	
杏鲍菇（小）	300克	酱油	100毫升
姜	1小块	水	600毫升
葱	1根	砂糖	1大匙
红辣椒	1个	盐	少许
		白胡椒	少许
		辣豆瓣	1小匙
		鸡粉	1小匙

＊做法＊

1. 小杏鲍菇洗净，沥干水分；姜洗净切片；葱洗净切小段；红辣椒洗净切片，备用。
2. 取一只汤锅，先放入姜片、葱段、红辣椒片炒香，再加入所有调味料拌匀，改转中火煮开。
3. 加入小杏鲍菇，盖上锅盖，继续以小火卤约15分钟，至杏鲍菇入味即可。

74 鸡汁卤白灵菇

＊材料＊		＊调味料＊	
白灵菇	150克	酱油	1小匙
葱	1根	鸡粉	1小匙
姜	1小块	水	600毫升
玉米	1根	盐	少许
秋葵	2支	白胡椒	少许
		香油	1小匙
		砂糖	1小匙
		米酒	1大匙

＊做法＊

1. 将白灵菇和秋葵洗净、去蒂；葱洗净切段；姜洗净切片；玉米切段，备用。
2. 取一只汤锅，先加入所有调味料拌匀，再以中火煮开。
3. 将做法1、做法2的材料依序加入，再以中火继续煮约10分钟，捞掉葱段和姜片即可。

75 寿喜鲜菇

材料

什锦菇 ………… 400克
(鲜香菇、柳松菇、珍
珠菇、杏鲍菇、袖珍
菇、蘑菇)
西红柿 ………… 1/2个
洋葱 ………… 1/2个
葱 ………… 3根
奶油 ………… 15克

调味料

酱油 ………… 50毫升
米酒 ………… 50毫升
水 ………… 150毫升
糖 ………… 适量

做法

1. 什锦菇洗净切片；西红柿洗净切瓣状；洋葱去皮切丝；葱洗净切段，备用。
2. 将所有调味料混合均匀备用。
3. 热锅，倒入适量的色拉油润锅，再放入奶油烧至融化，放入做法1的所有材料炒香，再放入调味料煮熟即可。

76 豆浆炖菇

材料

老豆腐	1大块
美白菇	60克
松茸菇	60克

调味料

豆浆	200毫升
米酒	50毫升
酱油	1.5大匙
味噌	18克
糖	13克

做法

1. 所有调味料混合均匀；豆腐切4等份，备用。
2. 取锅，放入做法1的调味料煮至沸腾，再加入豆腐、美白菇、松茸菇，以小火炖煮至入味即可。

养生也能好美味

放入味噌时最好先放在汤匙上，再浸入汤中慢慢用筷子搅散，或是用滤网过滤入汤中，如果一口气倒入汤中，则味噌不容易均匀散开；豆浆容易焦底，所以熬煮时要开小火并不时轻轻搅拌。

77 红酒蘑菇炖鸡

材料

蘑菇	150克
鸡腿	600克
蒜泥	20克
洋葱	60克
西芹	50克

调味料

红酒	200毫升
水	300毫升
盐	1/2小匙
细砂糖	1大匙

做法

1. 鸡腿剁小块，氽烫后沥干；洋葱及西芹切小块，备用。
2. 热锅，倒入约2大匙油，放入蒜泥、洋葱块及西芹，以小火爆香后，放入鸡腿及蘑菇炒匀。
3. 加入红酒及水，煮沸后盖上锅盖，转小火继续煮约20分钟。
4. 煮至肉熟后，加入盐及细砂糖调味，煮至汤汁略稠即可。

78 什锦菇烧卤鸡块

材料

鲜香菇	4朵
美白菇	50克
松茸菇	50克
鸡腿	1个
红苹果	1个
青蒜	1根
白果	50克
红辣椒	1个
蒜仁	5颗

调味料

酱油	100毫升
蚝油	30克
砂糖	2大匙
米酒	30毫升
水	500毫升

做法

1. 鸡腿洗净切块；红苹果洗净切滚刀块；鲜香菇洗净对切；青蒜洗净切段，备用
2. 热锅，加入1大匙油，放入青蒜段、红辣椒和蒜仁炒香后，再加入鸡块炒至上色。
3. 锅中加入调味料和苹果块、鲜香菇、美白菇、松茸菇和白果煮至滚沸后，改转小火煮至汤汁略收即可。

79 咖喱野菌菇

材料

姬松茸	100克
蘑菇	100克
甜豆荚	50克
洋葱	50克
蒜泥	10克

调味料

咖喱粉	2大匙
盐	1/2小匙
椰浆	50毫升
细砂糖	1小匙
水	150毫升

做法

1. 巴西磨菇洗净切厚片；甜豆荚洗净撕去粗筋；洋葱洗净切片，备用。
2. 热锅，倒入约2大匙油，以小火爆香洋葱片、蒜泥，加入所有菇类及甜豆荚炒匀，加入咖喱粉略炒香。
3. 加入所有调味料煮至沸腾，再以小火继续炖煮约5分钟，煮至汤汁略浓稠即可。

80 香菇鸡汤

材料

鸡肉块	400克
干香菇	80克
姜片	20克
葱段	10克
水	1000毫升

调味料

米酒	1小匙
盐	1/2小匙

做法

1. 将鸡肉块放入沸水中汆烫约2分钟，再取出冲水洗净；干香菇泡软备用。
2. 取一汤锅，加入1000毫升水煮沸，再放入鸡肉块、姜片、香菇煮沸，转小火盖上锅盖继续煮约15分钟。
3. 锅中放入葱段、所有调味料，煮约1分钟后熄火即可。

81 香菇参须炖鸡翅

材料

干香菇	10朵
鸡翅（双节翅）	600克
人参须	10克
姜片	5克
水	1200毫升

调味料

盐	1.5茶匙
米酒	2大匙

做法

1. 鸡翅放入沸水中汆烫一下；干香菇泡水，备用。
2. 将所有材料与米酒放入电锅内锅，外锅加1杯水（分量外），盖上锅盖，按下开关，待开关跳起，继续焖30分钟后，加入盐调味即可。

栗子冬菇鸡汤　土瓶鲜菇汤

什锦菇汤　牛奶蘑菇汤

82 栗子冬菇鸡汤

* 材料 *

土鸡肉 ············ 200克
去皮栗子 ············ 100克
干香菇 ············ 5朵
姜片 ············ 15克
水 ············ 500毫升

* 调味料 *

盐 ············ 3/4小匙
鸡粉 ············ 1/4小匙

* 做法 *

1. 土鸡肉剁小块,放入沸水中汆烫去脏血,再捞出用冷水冲凉洗净,备用。
2. 干香菇洗净泡软切小片,与处理好的土鸡肉块、栗子、姜片一起放入汤盅中,再加入水,盖上保鲜膜。
3. 将汤盅放入蒸笼中,以中火蒸约1小时,蒸好取出后加入所有调味料调味即可。

83 土瓶鲜菇汤

* 材料 *

杏鲍菇（小）·· 100克
鲜香菇 ············ 50克
鸡肉 ············ 100克
蛤蜊 ············ 50克
水 ············ 200毫升

* 调味料 *

和风柴鱼酱油 ··· 1大匙
米酒 ············ 1大匙

* 做法 *

1. 在水中加入所有调味料煮至沸腾即成汤底。
2. 鸡肉洗净切小块;杏鲍菇洗净撕成大条,备用。
3. 取土瓶（或茶壶）放入鸡肉、杏鲍菇、蛤蜊,再倒入汤底,盖上壶盖,放入蒸锅中,以大火蒸约15分钟即可。

> **养生也能好美味**
>
> 土瓶蒸是传统的日本料理,原是将高级的松茸菇与鸡肉熬汤,为了避免松茸的香气散失,因此放入茶壶内再蒸煮,以借此保存浓郁的香气。

84 什锦菇汤

* 材料 *

什锦菇 ············ 120克
（金针菇、鲜香菇、杏鲍菇）
豌豆苗 ············ 10克
香油 ············ 1大匙
水 ············ 400毫升
磨碎熟白芝麻 ····· 少许

* 调味料 *

酱油 ············ 1/2小匙
米酒 ············ 2大匙
盐 ············ 少许

* 做法 *

1. 将什锦菇去蒂洗净,切片切段;豌豆苗切段,备用。
2. 锅烧热,加入香油,放入什锦菇炒香,再加入水煮至滚沸。
3. 加入所有调味料和豌豆苗段再煮1分钟,上桌前撒上磨碎熟白芝麻即可。

85 牛奶蘑菇汤

* 材料 *

蘑菇 ············ 200克
培根 ············ 40克
牛奶 ············ 200毫升
水 ············ 200毫升
蒜泥 ············ 5克
胡萝卜丝 ············ 20克

* 调味料 *

盐 ············ 适量
鸡粉 ············ 适量

* 做法 *

1. 蘑菇洗净切薄片;培根切细末,备用。
2. 热锅,倒入适量油,放入蒜泥、培根炒香,再放入蘑菇片、胡萝卜丝炒匀。
3. 加水煮至沸腾,再加入牛奶续煮至沸腾,以盐、鸡粉调味即可。

86 什锦菇锅

* 材料 *

蘑菇	50克
鲜香菇	5朵
杏鲍菇	3支
松茸菇	100克
金针菇	2把
芜菁	50克

* 调味料 *

素高汤	1000毫升
酱油	1小匙
盐	1小匙
香菇粉	1小匙

* 做法 *

1. 蘑菇、鲜香菇洗净；杏鲍菇洗净切块；松茸菇、金针菇洗净剥散，备用。
2. 芜菁洗净切段备用，
3. 将所有食材放入锅中，加入素高汤炖煮20分钟。
4. 加入所有调味料调味，食用前加入烫熟的芜菁即可。

87 甘露杏鲍菇锅

* 材料 *

杏鲍菇	2个
大白菜	200克
胡萝卜	1/2根
西蓝花	100克

* 调味料 *

海带高汤	1000毫升
盐	1小匙
日式酱油	1.5大匙
味醂	2小匙

* 做法 *

1. 杏鲍菇、胡萝卜去皮洗净切片；大白菜洗净剥片状；西蓝花洗净切小朵，备用。
2. 将做法1所有食材放入锅中，加入海带高汤、盐、日式酱油、味醂炖煮15分钟后以盐调味即可。

88　芦笋鲜菇豆浆锅

＊材料＊

鲜香菇 ·············· 3朵
松茸菇 ·············· 100克
芦笋 ·················· 5支
胡萝卜 ·············· 1/2根
西蓝花 ·············· 50克
豆浆 ············· 600毫升

＊调味料＊

蔬菜高汤 ······ 600毫升
盐 ···················· 1小匙

＊做法＊

1. 将豆浆和蔬菜高汤以1：1比例加入锅中即成豆浆汤底备用。
2. 芦笋洗净削除粗皮；鲜香菇洗净；松茸菇洗净剥散；胡萝卜洗净切片；西蓝花洗净切小朵，备用。
3. 将做法2的所有材料放入锅中，加入豆浆汤底与所有调味料，炖煮10分钟即可。

89　杯子菇炖乌鸡

＊材料＊

杯子菇 ·············· 150克
乌鸡 ················· 600克
红枣 ·················· 10粒
姜片 ·················· 15克
水 ················· 100毫升

＊调味料＊

米酒 ·················· 3大匙
盐 ··················· 1/2小匙

＊做法＊

1. 将杯子菇洗净去蒂头；红枣洗净，备用。
2. 乌鸡洗净，氽烫后捞出备用。
3. 取电锅内锅，放入乌鸡、姜片、红枣与水后，将内锅放回电锅中，并在外锅加1杯水，按下开关煮至开关跳起。
4. 打开锅盖，放入杯子菇以及所有调味料，外锅再加1/2杯水，按下开关继续煮至开关跳起即可。

90 草菇排骨汤

＊材料＊

草菇 ⋯⋯⋯⋯ 200克
排骨 ⋯⋯⋯⋯ 300克
胡萝卜块 ⋯⋯⋯ 40克
白萝卜块 ⋯⋯⋯ 100克
水 ⋯⋯⋯⋯ 1000毫升

＊调味料＊

米酒 ⋯⋯⋯⋯ 2大匙
盐 ⋯⋯⋯⋯ 1小匙
鲣鱼粉 ⋯⋯⋯ 少许

＊做法＊

1. 草菇洗净；排骨洗净后汆烫备用。
2. 热锅后放入水，待煮沸后再放入排骨、胡萝卜块、白萝卜块煮约30分钟。
3. 放入草菇、所有调味料煮至入味即可。

养生也能好美味

排骨要先泡水15分钟，去除血水后再汆烫，煮出来的汤品才会清淡不油腻。

91 炸香菇

材料

鲜香菇 ·············200克
脆浆粉 ·············1碗
水·····················1.5碗
色拉油 ···········1大匙

调味料

胡椒盐 ·············适量

做法

1.鲜香菇切去蒂,略洗沥干备用。
2.脆浆粉分次加入水拌匀,再加入色拉油搅匀。
3.将做法1的香菇表面沾裹适量做法2的脆浆,放入约120℃的热油中,以小火炸3分钟,改转大火炸30秒后捞出沥油。
4.食用时再撒上胡椒盐即可。

> **养生也能好美味**
> 炸物不仅裹粉重要,裹的粉浆厚薄也很重要。太厚会影响口感,太薄又吃起来不脆,裹的适中才最刚好。

92 鲜菇蒜味椒盐片

材料

鲜香菇 ·············4朵
蒜蓉 ················3颗
葱·····················1根
红辣椒 ·············1/2根

调味料

盐·····················少许
白胡椒粉 ·········少许
大蒜粉 ·············1小匙
香油 ················少许
面粉 ················3大匙
鸡蛋 ················1个
水·····················适量

做法

1.先将鲜香菇去蒂头后洗净,切成片;蒜蓉、红辣椒洗净切碎;葱洗净切葱花,备用。
2.将所有调味料搅拌均匀,拌成面糊。
3.将鲜香菇沾裹面糊,放入油温约180℃的油锅中炸成金黄色,再炸至酥脆即可。
4.起锅,干锅加入蒜碎、红辣椒碎炒香,放入香菇片,拌炒均匀,起锅前再加入葱花,撒上少许黑胡椒粉(材料外)即可。

93 罗勒盐酥蘑菇丁

材料

蘑菇 ·············· 250克
罗勒 ·············· 30克
地瓜粉 ·············· 适量
淀粉 ·············· 适量

调味料

盐 ·············· 1/4小匙
鸡粉 ·············· 少许
胡椒粉 ·············· 少许
香油 ·············· 少许

做法

1. 蘑菇洗净切块，取一容器加入蘑菇块和所有调味料拌匀备用。
2. 罗勒取嫩叶洗净备用。
3. 淀粉、地瓜粉拌匀，再放入蘑菇块，使其均匀裹上粉。
4. 将蘑菇块放入热油锅炸熟捞出，待油温升高时再放入，加入罗勒一起略炸后取出即可。

养生也能好美味

炸熟蘑菇块时先炸熟捞起备用，等油温更高时再炸一次，会让外皮更加酥脆；二次炸时加入罗勒，一起炸酥，这样会比较香。

72

94 炸地瓜什锦菇饼

＊材料＊

鲜香菇2朵、秀珍菇30克、黑珍珠菇30克、金针菇30克、红地瓜120克、芹菜叶15克、中筋面粉适量、鸡蛋1个

＊调味料＊

盐1/4小匙、香菇粉少许、胡椒粉1/4小匙、香油少许

＊做法＊

1. 先将鲜香菇、秀珍菇、黑珍珠菇、金针菇洗净切段；红地瓜洗净切丝，备用。
2. 取一容器，加入所有调味料，依序再加入中筋面粉、鸡蛋搅拌均匀。
3. 放入做法1的材料、芹菜叶与做法2的材料混合均匀，取适量大小放入热油中炸熟至上色，直到食材用完即可。

养生也能好美味

如果想要不同口感与香气，可以加蛋进去沾裹调配，会使得粘性更好，又有蛋香。

95 金沙香菇

＊材料＊

A.鲜香菇150克、咸蛋黄5颗、红辣椒末10克、葱花20克

B.面粉1/2杯、玉米粉1/2杯、吉士粉1大匙、泡打粉1/4小匙、水140毫升

＊调味料＊

盐1/8小匙

＊做法＊

1. 咸蛋黄放入蒸锅中，蒸约4分钟至熟取出，用刀辗成泥备用。
2. 鲜香菇切小块，洗净后沥干；将材料B的材料混合，调成粉浆，备用。
3. 锅烧热，加入约400毫升的色拉油，烧热至约180℃，将鲜香菇块沾上调好的粉浆，放入油锅内炸至表皮金黄酥脆，捞起后沥油备用。
4. 另取锅烧热，放入约2大匙油，开小火放入咸蛋黄泥，加入盐，用锅铲不停搅拌至蛋黄起泡有香味。
5. 加入炸香菇块，最后撒入红辣椒末和葱花，翻炒均匀即可。

96 什锦菇鲜蔬天妇罗

材料

鲜香菇3朵、珊瑚菇40克、秀珍菇40克、茄子1/2条、四季豆40克、芹菜叶20克、西蓝花30克、鸡蛋1个、低筋面粉80克、冰水100毫升

调味料

白萝卜泥30克、淡酱油2大匙、味酥2大匙、姜汁少许

做法

1. 将鲜香菇、珊瑚菇、秀珍菇洗净。
2. 茄子、四季豆洗净切段；西蓝花、芹菜叶洗净备用。
3. 鸡蛋打散，加入冰水搅匀，再加入低筋面粉搅拌成面糊。
4. 将做法1、做法2的材料分别沾裹面糊，放入热油锅中炸至表面酥脆。
5. 将所有调味料混合均匀，食用时搭配蘸取即可。

养生也能好美味

以白萝卜泥酱汁蘸着吃，能解油腻，使料理清爽更入味。

97 鲜蚵鲜菇丸

材料

鲜香菇	6朵
鲜蚵	150克
韭菜	1把
蒜蓉	2颗
红辣椒	1/3个

面糊材料

面粉	1大匙
淀粉	1小匙
水	适量

调味料

盐	少许
白胡椒	少许
香油	少许
酱油	1小匙
米酒	1小匙

做法

1. 鲜蚵洗净沥干水分；鲜香菇去蒂洗净；韭菜、蒜蓉、红辣椒皆洗净切碎，备用。
2. 将做法1的材料（鲜香菇除外）与所有调味料放入容器中，搅拌成内馅。
3. 将炸粉材料搅拌成粉浆。
4. 在鲜香菇的菇蕈中拍入少许淀粉，镶入内馅，再均匀地沾裹上粉浆，放入油温约190℃的油锅中，炸至表面呈金黄色且熟即可。

98 香菇炸春卷

材料

猪肉泥	100克		
鲜香菇	10朵		
蒜蓉	2颗		
红辣椒	1/2个		
韭菜	1把		
春卷皮	6张		

调味料

酱油	1小匙
香油	1小匙
淀粉	1小匙
盐	少许
白胡椒粉	少许

做法

1. 鲜香菇去蒂，再切成小丁；蒜蓉、红辣椒洗净切碎；韭菜洗净切碎，备用。
2. 取一只炒锅，先加入1大匙色拉油烧热，放入猪肉泥炒至肉变白，再加入做法1的材料，以中火炒香。
3. 炒锅中加入所有调味料翻炒均匀，再盛起放凉，备用。
4. 将炒好的材料放在春卷皮上，慢慢地将春卷皮包卷起来，放入油温约180℃的油锅中，炸至表面呈金黄色即可。

99 炸香菇丝

材料

鲜香菇蒂	120克
鲜香菇	2朵
葱	1根

调味料

盐	少许
白胡椒	少许
面粉	2大匙

做法

1. 将鲜香菇蒂洗净、剥成丝；鲜香菇洗净、切丝；葱洗净、切丝，备用。
2. 在香菇蒂丝与香菇丝上拍入些许的面粉，再放入油温约190℃的油锅中，炸至酥脆，捞起滤油备用。
3. 将炸好的材料放入盘中，再撒入盐、白胡椒，摆上葱丝即可。

养生也能好美味

切掉的鲜香菇蒂千万不要丢弃，花点巧思再利用，就可以成为一道佳肴。将鲜香菇蒂剥成细丝，再放入锅中油炸，即成一道美味佳肴。但因为鲜香菇丝很容易炸黑，所以炸的时间要短，火力不能过大。

100 酥扬杏鲍菇

＊材料＊

A.杏鲍菇········· 100克
　青椒 ············· 2个
　低筋面粉········· 适量
B.酥浆粉········· 50克
　色拉油········· 1小匙
　水 ············· 80毫升

＊调味料＊

胡椒盐 ············· 适量

＊做法＊

1. 杏鲍菇洗净切厚长片；青椒洗净划开
　去籽；将材料B混合成酥浆糊，备用。
2. 将杏鲍菇沾裹上薄薄的低筋面粉，再
　裹上酥浆糊。
3. 热油锅，倒入稍多的油，待油温热至
　180℃，放入杏鲍菇炸至酥脆，再放
　入青椒过油稍炸。
4. 将炸好的材料取出沥油后盛盘，撒上
　胡椒盐即可。

101 酥炸金针菇

＊材料＊

金针菇 ……………… 1把
四季豆 …………… 10根
胡萝卜 …………… 少许

＊调味料＊

盐 …………………… 少许
白胡椒 …………… 少许

＊炸粉＊

酥炸粉 ………… 100克
水 ………………… 适量

＊做法＊

1. 将金针菇洗净，将蒂头切除；四季豆洗净去头尾；胡萝卜洗净切小条，备用。
2. 将炸粉材料搅拌均匀成粉浆，再静置约10分钟，备用。
3. 将金针菇、四季豆和胡萝卜条均匀地沾裹上粉浆，再放入油温约180℃的油锅中，炸至金黄酥脆，再捞起沥油即可。

养生也能好美味

金针菇较细，酥炸后有特酥口感，但一定要裹粉，不然一下锅很容易就将水分炸干，吃起来口感不好。

102 迷迭香金针菇卷

＊材料＊

金针菇	1把
猪肉泥	100克
蒜蓉	2颗
红辣椒	1个
葱	1根
春卷皮	8张

＊调味料＊

迷迭香	1小匙
砂糖	1小匙
盐	少许
白胡椒	少许
香油	1小匙

＊做法＊

1. 将金针菇切去蒂头，再洗净沥干水；蒜蓉、红辣椒、葱皆洗净切碎，备用。
2. 取热锅，倒入1大匙色拉油烧热，加入猪肉泥炒至肉变白，再加入蒜碎、红辣椒碎和葱碎，翻炒均匀。
3. 加入金针菇和所有调味料，一起翻炒均匀即为馅料，盛起放凉，备用。
4. 将春卷皮平铺，摆上适量炒好的馅料，再将春卷皮卷成圆筒状，放入油温约180℃的油锅中，炸至表面呈金黄色，捞起沥干油后切段即可。

103 蘑菇炸蔬菜球

＊材料＊

蘑菇	8朵
胡萝卜	50克
红辣椒	1个
香菜	2根
猪肉泥	100克
葱	1根

＊调味料＊

盐	少许
白胡椒	少许
香油	1小匙
蛋清	1颗
淀粉	1大匙
面粉	1大匙
酱油	1小匙

＊做法＊

1. 将蘑菇切除蒂头，再洗净沥干。
2. 胡萝卜、葱、红辣椒和香菜都洗净切丝，再与肉泥和所有的调味料搅拌均匀即成内馅，备用。
3. 将内馅镶入洗净的蘑菇中，再拍上少许面粉（材料外），放入油温为180℃的油锅中，炸至表面呈金黄色即可。

104 酥炸珊瑚菇

＊材料＊

珊瑚菇 …………200克
芹菜嫩叶 ………10克
低筋面粉 ………40克
玉米粉 …………20克
冰水 ……………75毫升
蛋黄 ……………1颗

＊调味料＊

七味粉 …………适量
胡椒盐 …………适量

＊做法＊

1. 低筋面粉与玉米粉拌匀，加入冰水后以搅拌器迅速拌匀，再加入蛋黄拌匀即成面糊备用。
2. 热锅，倒入约400毫升的色拉油，以大火烧热至油温约180℃，将珊瑚菇及芹菜嫩叶分别沾上面糊，入油锅炸约10秒至呈金黄色且表皮酥脆，捞起后沥干油装盘。
3. 将调味料混合成七味胡椒盐，搭配炸珊瑚菇食用即可。

105 炸草菇

材料

草菇……………20颗
鸡心……………10颗
竹签……………10支
蒜苗……………2根
红辣椒……………2个

调味料

酱油膏……………1小匙
盐………………少许
黑胡椒……………少许
香油……………1小匙
砂糖……………1小匙
淀粉……………1大匙

做法

1. 将草菇洗净；鸡心洗净，放入沸水中汆烫，去除脏污血水；蒜苗与红辣椒皆洗净切小段；所有调味料混合成腌料备用。
2. 将草菇、鸡心和红辣椒用竹签串起，再放入腌料中腌渍约15分钟。
3. 将腌渍好的材料与蒜苗放入约油温190℃的油锅中，炸至表面上色且熟即可。

养生也能好美味

草菇本身气味重，事先汆烫过可以稍微去除掉草菇的味道；除了蒜苗，也可以搭配葱、蒜这类辛香料一起食用，风味更好。

106 蒜香蒸菇

材料

黑珍珠菇………200克
蒜泥……………40克
辣椒末……………10克

调味料

酱油……………2大匙
细砂糖……………1小匙
米酒……………1大匙

做法

1. 黑珍珠菇用开水汆烫10秒后沥干装盘备用。
2. 热锅，倒入色拉油2大匙及蒜泥、辣椒末，以小火略炒5秒钟后，淋至黑珍珠菇上。
3. 将酱油、细砂糖、米酒拌匀，淋至黑珍珠菇上，放入蒸笼以大火蒸约3分钟后取出即可。

107　蛤蜊蒸菇

＊材料＊

松茸菇 ············ 100克
金针菇 ············ 50克
蛤蜊 ············ 150克
姜丝 ············ 5克
奶油丁 ············ 10克

＊调味料＊

A.米酒 ············ 1大匙
　鸡粉 ············ 少许
　盐 ············ 少许
B.细黑胡椒粒 ···· 少许

＊做法＊

1.松茸菇、金针菇、蛤蜊洗净，放入有深度的内锅中，加入姜丝、奶油丁。
2.取电锅，外锅倒入2杯水，按下开关至产生蒸汽，再放入内锅蒸至内锅中所有的材料都熟透。
3.取出撒上细黑胡椒粒即可。

养生也能好美味

　　蒸鲜菇的时候要等锅中的水沸腾，产生水蒸气再放入，这样一来温度够高，避免了蒸太久而让食材显得软烂，且也较能保持食材本身的色泽。

108 鲜菇南瓜蒸饭

材料

松茸菇	70克
杏鲍菇	70克
南瓜	200克
肉泥	50克
虾米	5克
姜末	5克
白米	2杯
水	2杯

调味料

和风柴鱼酱油	2大匙
米酒	1大匙
盐	1/2小匙

做法

1. 白米洗净沥干；南瓜洗净切大块；杏鲍菇洗净切片，备用。
2. 热锅，倒入适量的油，放入姜末、虾米爆香，再加入肉泥炒散后，加入南瓜块、松茸菇、杏鲍菇炒匀。
3. 将白米、做法2的炒料及水倒入电子锅中，按下开关煮至开关跳起，翻松一下再焖约10分钟即可。

109 青菜香菇饭

材料

上海青	120克
干香菇	80克
姜	6克

调味料

白米	120克
色拉油	1大匙
水	150毫升

做法

1. 上海青洗净、切小块；干香菇泡软洗净切片；姜洗净切末，备用。
2. 白米洗净沥干，放入内锅中备用。
3. 热锅，放入色拉油，以小火爆香姜末，再放入香菇片、上海青块，炒至青菜变软后取出，放入内锅中与白米略拌匀。
4. 内锅中加入水，放入电子锅中，按下煮饭键煮至熟即可。

110 樱花虾鲜菇蒸饭

杏鲍菇 ·············· 80克
鲜香菇 ·············· 40克
白灵菇 ·············· 40克
樱花虾 ·············· 10克
芹菜段 ·············· 30克
白米 ················· 2杯
水 ··················· 2杯

调味料

淡色酱油 ·········· 1大匙
米酒 ··············· 1大匙
味酥 ··············· 1/2大匙

* 做法 *

1. 白米、樱花虾洗净；鲜香菇、杏鲍菇切片；白灵菇剥散，备用。
2. 热锅，倒入少许油，放入樱花虾炒香，放入做法1的菇类炒匀，再加入所有调味料炒一下。
3. 将白米、水放入电子锅中，再加入做法2的炒料，按下开关煮至开关跳起，稍翻动让米饭松软，再焖约10分钟，最后加入芹菜段略焖一下即可。

111 牛蒡香菇饭

* 材料 *

牛蒡 ························ 40克
干香菇 ···················· 40克
糙米 ························ 180克

* 调味料 *

鲣鱼酱油 ·········· 20毫升
水 ···················· 230毫升

* 做法 *

1. 牛蒡去皮切薄片；干香菇泡软洗净切丝备用。
2. 糙米洗净沥干，放入饭锅中，再加入牛蒡片、香菇丝，一起拌匀后加入水、鲣鱼酱油，浸泡约30分钟后，放入电子锅中，按下煮饭键煮至熟即可。

112 杂菇养生饭

* 材料 *

松茸菇 ·············· 60克
草菇 ················· 60克

* 调味料 *

发芽米 ·············· 200克
水 ···················· 260毫升

* 做法 *

1. 草菇、松茸菇一起洗净去蒂备用。
2. 发芽米洗净沥干，放入锅中，铺上做法1的菇类，再加入水浸泡约20分钟后，放入电子锅中，按下煮饭键煮至熟即可。

养生也能好美味

用电子锅煮饭好吃的秘诀在于，当煮饭键跳起时，先打开锅盖将米饭翻松，再盖上锅盖焖约10分钟。这样一来锅内米饭的水汽才能均匀，不会上面太干，下面还太湿，且多于水蒸气也会散掉，米饭就会又香又Q。

113 肉酱蒸菇

材料

黑珍珠菇150克、猪肉泥80克、蒜泥15克、香菜少许

调味料

A.辣椒酱20克、米酒1大匙、盐少许、酱油少许、糖1／4小匙

B.水150毫升、水淀粉适量

做法

1. 热锅后加入1大匙油（材料外），再放入蒜泥爆香。

2. 放入猪肉泥炒散且炒至肉变白，加入调味料A炒香后再加入水煮沸，煮约10分钟。

3. 加入水淀粉勾芡后成肉酱，盛起备用。

4. 将黑珍珠菇洗净去蒂头后放入电锅内锅，再将肉酱铺上，外锅加1／2杯水，按下开关煮至开关跳起，焖5分钟后，放上香菜即可。

养生也能好美味

如果觉得自己做肉酱太麻烦，可以去大卖场购买现成的肉酱罐头，虽然风味比新鲜的略差，但也不失为一道下饭的料理。

114 豆酱美白菇

材料
美白菇140克、胡萝卜10克、西芹10克、白果30克

调味料
黄豆酱2大匙

做法
1. 美白菇洗净去蒂头，用手抓开成一束一束的。
2. 胡萝卜洗净去皮，切成片；西芹洗净去老茎，切片。
3. 将美白菇、胡萝卜片、西芹片、白果混合均匀，放入蒸盘中，淋上调味料。
4. 取一炒锅，锅中加入适量水，放上蒸架，将水煮至沸腾。
5. 将蒸盘放在蒸架上，盖上锅盖以大火蒸约10分钟至熟即可。

黄豆酱
【材料】
市售黄豆酱100克、糖2大匙、米酒2大匙、酱油1大匙
【做法】
取一锅，将所有材料加入拌匀，煮至滚沸即可。

115 清蒸杏鲍菇淋爆酱

材料
杏鲍菇 ………… 120克
竹笋（去壳）…… 30克
青椒 …………… 20克
红甜椒 ………… 20克

调味料
酱爆酱 …………
2大匙

做法
1. 杏鲍菇洗净后切滚刀块；竹笋切片；青椒、红甜椒洗净去籽，切片。
2. 将做法1的材料混合，放入蒸盘中，淋上调味料。
3. 取一炒锅，锅中加入适量水，放上蒸架，将水煮至沸腾。
4. 将蒸盘放在蒸架上，盖上锅盖，以大火蒸约12分钟即可。

酱爆酱
【材料】
甜面酱3大匙、糖3大匙、米酒3大匙、水100毫升
【做法】
取一锅，将所有材料加入拌匀，煮至滚沸即可。

116 蛤蜊蒸鲜菇

＊材料＊

蛤蜊 …………… 200克
鲜香菇 …………… 3朵
金针菇 …………… 30克
秀珍菇 …………… 30克
姜丝 …………… 10克
葱花 …………… 10克

＊调味料＊

盐 …………… 少许
胡椒粉 …………… 少许
米酒 …………… 1大匙
香油 …………… 1/2小匙

＊做法＊

1. 先将蛤蜊静置泡水，使其吐尽泥沙；鲜香菇、金针菇去头洗净；秀珍菇洗净；鲜香菇切片备用。
2. 取一容器，将做法1的材料和姜丝放入，再加入所有的调味料，放入蒸锅蒸熟。
3. 蒸熟后取出，再撒上葱花即可。

养生也能好美味

虽然市面上的蛤蜊有已处理过的，但沙并不是都吐的很干净，所以买回家还是要以水泡一下；蛤蜊本身就有咸味，所以料理时盐不可加太多，要斟酌分量。

117 美玉香菇丸

＊材料＊

鲜香菇6朵、猪肉泥300克、虾浆100克、蒜蓉2颗、红辣椒1根、香菜2根、巴西里末适量

＊调味料＊

淀粉1大匙、香油1小匙、盐少许、白胡椒少许、鸡蛋1个（取蛋清）

＊酱汁＊

鸡高汤300毫升、鸡蛋1个（取蛋清）、盐少许、白胡椒少许、香油少许

＊做法＊

1. 鲜香菇去蒂，洗净沥干，备用。
2. 蒜蓉、红辣椒、香菜皆洗净，再切碎，备用。
3. 将做法2的材料、猪肉泥、虾浆与所有调味料一起搅拌均匀，甩出粘性。
4. 在鲜香菇蕈撒入少许淀粉，再将做法3的材料镶入菇蕈内，稍微塑型，即为香菇丸。
5. 将香菇丸摆在蒸盘中，再放入水沸的蒸笼里，以大火蒸约12分钟后取出。
6. 取一只炒锅，加入酱汁材料以中火煮沸，以水淀粉勾薄芡，淋上少许蛋清（材料外）拌匀成蛋清芡，再淋在蒸盘中，撒上少许巴西里末作装饰即可。

118 蕈菇茭白

材料

鲜香菇2朵、金针菇60克、胡萝卜丝10克、茭白60克、芹菜适量、老豆腐1块、水150毫升、水淀粉少许

调味料

盐1/4小匙、糖少许、香油少许、柴鱼露少许

做法

1. 鲜香菇洗净切片；茭白洗净切丝；金针菇洗净切段；老豆腐切片备用。
2. 芹菜放入沸水中氽烫后取出泡凉，切粗丝备用。
3. 将做法1的材料、胡萝卜丝用芹菜粗丝绑成一束。
4. 在老豆腐上放上绑好的材料，放入蒸锅中蒸8分钟备用。
5. 将水煮沸后，放入所有调味料，再以水淀粉勾芡，淋在做法4的成品上即可。

养生也能好美味

将芹菜氽烫后，用较粗的地方切丝来当作绑线，才牢固好绑；挑选茭白时，以外型肥大、笔直的为佳。

119 养生什锦菇

材料

圆白菜	200克
鲜香菇	1朵
松茸菇	40克
雪白菇	40克
珊瑚菇	30克
黑珍珠菇	30克
舞菇	30克
金针菇	40克
绿芦笋	2支
枸杞子	10克
姜片	15克

调味料

盐	1/2小匙
米酒	1大匙
香菇粉	1/2小匙

做法

1. 圆白菜洗净切片；鲜香菇洗净划十字刀；绿芦笋洗净切段；松茸菇、雪白菇、珊瑚菇、黑珍珠菇、舞菇、金针菇洗净去蒂头。
2. 锅中加入800毫升水煮沸（材料外）、加入圆白菜、姜片、枸杞子煮沸后，再加入其他剩余材料煮沸。
3. 加入所有调味料拌匀，盛盘即可。

120 鸡丝烩金针菇

＊材料＊

金针菇 ……… 150克
鸡肉丝 ……… 50克
胡萝卜丝 …… 40克
葱丝 ………… 10克

＊调味料＊

A.米酒 ………… 1大匙
　蛋清 ………… 1大匙
　淀粉 ………… 1小匙
　水 …………… 1大匙
B.高汤 ……… 300毫升
　盐 ………… 1/2小匙
　细砂糖 …… 1/4小匙
　白胡椒粉 … 1/4小匙
　水淀粉 …… 2大匙
　香油 ……… 1小匙

＊做法＊

1. 将鸡胸肉加入调味料A抓匀，与金针菇、胡萝卜丝一起放入沸水中氽烫10秒钟后捞出冲凉沥干备用。
2. 高汤入锅后，加入做法1的材料，煮至沸腾，加入盐、细砂糖及白胡椒粉。
3. 拌匀后用水淀粉勾芡，再淋上香油即可。

121 鸡汁烩双菇

材料

黑珍珠菇·········60克
白珍珠菇·········60克
姜末···············10克

调味料

鸡高汤·········80毫升
盐·················1/2小匙
料酒···············1大匙
奶水···············2大匙
水淀粉·············2小匙
香油···············1小匙

做法

1. 热锅，倒入2大匙油，以小火爆香姜末。
2. 放入黑珍珠菇及白珍珠菇、鸡高汤、盐及料酒，以小火略煮约1分钟。
3. 以水淀粉勾芡，再淋入奶水拌匀，关火，淋上香油拌匀装入盘中即可。

122 什锦菇鸡肉粥

材料

什锦菇·········120克
（金针菇、鲜香菇、
美白菇）
热米饭·········150克
鸡肉···········150克
鸡蛋···············1个
水···········400毫升
葱花···············适量
海苔丝·············适量

调味料

盐·················适量

做法

1. 鸡蛋打散成蛋液，加入葱花拌匀备用。
2. 综合菇类背切丝；鸡肉切小块，备用。
3. 取汤锅，加入热米饭、水煮沸，再放入鸡肉块煮沸，再加入什锦菇、盐略煮一下。
4. 淋入蛋液拌匀，熄火撒上海苔丝即可。

123 香菇咸粥

* 材料 *

干香菇	150克
白米	300克
虾米	30克
肉丝	50克
笋丝	50克
高汤	2500毫升
芹菜末	20克
油葱酥	适量

* 调味料 *

A.盐	1小匙
鸡粉	1/2小匙
冰糖	1小匙
酱油	少许
B.白胡椒粉	少许

* 腌料 *

酱油	1小匙
糖	少许
盐	少许
白胡椒粉	少许

* 做法 *

1. 白米洗净；干香菇洗净泡软切丝；虾米泡软；肉丝加入所有腌料腌约30分钟，备用。
2. 热锅，倒入3大匙油，放入香菇丝、虾米爆香，再放入白米与笋丝炒匀。
3. 加入高汤煮至沸腾，转小火继续煮15分钟后，放入肉丝继续煮至白米熟透且软，加入调味料A拌匀。
4. 放入油葱酥、芹菜末及白胡椒粉即可。

124 凉拌三丝金针菇

＊材料＊

金针菇	1把
胡萝卜	50克
西芹	2根
红辣椒	1个
蒜蓉	2颗

＊调味料＊

鸡粉	少许
盐	少许
白胡椒	少许
香油	1大匙
水	适量

＊做法＊

1. 先将金针菇去蒂，放入沸水中汆烫，再沥干水分，备用。
2. 胡萝卜、西芹、红辣椒皆洗净切丝，再放入沸水中汆烫过水，备用。
3. 蒜蓉切碎，备用。
4. 取一容器，加入所有的材料与调味料，搅拌均匀即可。

养生也能好美味

金针菇非常适合以凉拌或烩煮的方式烹调，不但不容易煮烂，而且容易入味，吃起来有嚼劲；凉拌的食材最好切至与金针菇相同粗细，吃起来口感才会好。

125 肉丝拌金针菇

＊材料＊

金针菇	100克
肉丝	50克
胡萝卜丝	40克
芹菜	60克

＊调味料＊

A.米酒	1大匙
蛋清	1大匙
淀粉	1小匙
水	1大匙
B.盐	1/2小匙
细砂糖	1大匙
白醋	1大匙
辣椒油	3大匙

＊做法＊

1. 肉丝加入调味料A抓匀；芹菜洗净切小段，与金针菇、胡萝卜丝一起放入开水汆烫10秒后捞出，以凉开水泡凉沥干，备用。
2. 将做法1所有材料放入碗中，加入调味料B拌匀即可。

126 龙须菜拌金针菇

材料		*调味料*	
金针菇	150克	蚝油	1大匙
龙须菜	300克	盐	1小匙
胡萝卜	15克	鸡粉	1/2小匙
黑木耳	15克	高汤	50毫升
蒜泥	10克	香油	少许
水	1200毫升		
色拉油	1大匙		

做法

1. 龙须菜挑取前端嫩的部分洗净；金针菇洗净沥干，去根部后切段；胡萝卜去皮后切丝；黑木耳洗净沥干切丝备用。
2. 取一深锅，倒入1200毫升水煮至滚沸后，加少许盐、油（皆分量外）及龙须菜氽烫至熟，捞出沥干摆盘备用。
3. 热锅，倒入色拉油烧热，爆香蒜泥后，加入金针菇段及蚝油以中火略炒拌数下，再加入胡萝卜丝、黑木耳丝、盐、鸡粉、高汤煮沸后，滴入香油拌匀。
4. 将做法3的材料，放在龙须菜盘中，食用前拌匀即可。

127 五味鲜菇

材料	*调味料*
鲜香菇10朵、葱1根、蟹腿肉50克、胡萝卜50克	五味酱2大匙

做法

1. 将葱洗净切葱花；胡萝卜洗净切片状；鲜香菇洗净去蒂，切成小片状，备用。
2. 将鲜香菇片放入沸水中，氽烫至熟，捞起沥干，再将蟹腿肉、胡萝卜片放入沸水中，略为烫熟后捞起，备用。
3. 取一个容器，加入做法1、做法2的材料，再淋上五味酱即可。

五味酱

材料：蒜蓉2颗、姜10克、香菜2根、红辣椒1个、葱1根
调味料：砂糖1小匙、番茄酱3大匙、米酒1小匙、酱油1小匙、盐少许、白胡椒少许
做法：
1. 将蒜蓉、红辣椒、姜、香菜和青葱都洗净切碎，备用。
2. 将做法1的材料与所有调味料混合拌匀，再静置约30分钟即可。

128 葱油香菇

＊材料＊

鲜香菇 ············· 150克
胡萝卜 ············· 50克
葱 ················· 1根
色拉油 ············· 2大匙

＊调味料＊

盐 ··············· 1/2小匙
砂糖 ············· 1/4小匙
香油 ············· 1/2小匙

＊做法＊

1. 鲜香菇洗净去蒂头；胡萝卜去皮切片，备用。
2. 煮一锅滚沸的水，分别将香菇和胡萝卜片汆烫至熟透后捞起，过冷水，备用。
3. 将香菇以斜刀切成两半；葱洗净切细末置于碗内，备用。
4. 热锅，将材料中的色拉油烧热，冲入的葱花中，再加入所有调味料拌匀成酱汁。
5. 将胡萝卜片、香菇片及酱汁一起拌匀即可。

129 凉拌什锦菇

＊材料＊

柳松菇 …………… 80克
金针菇 …………… 80克
秀珍菇 …………… 80克
珊瑚菇 …………… 80克
杏鲍菇 …………… 60克
红甜椒 …………… 30克
黄甜椒 …………… 30克
姜末 ……………… 10克

＊调味料＊

盐 ………………… 1/4小匙
香菇粉 …………… 1/4小匙
细砂糖 …………… 1/2小匙
胡椒粉 …………… 少许
香油 ……………… 1大匙
素蚝油 …………… 1小匙

＊做法＊

1. 所有菇类洗净沥干，将柳松菇、金针菇切段，杏鲍菇切片，珊瑚菇切小朵；红甜椒、黄甜椒洗净切长条，备用。
2. 取一锅，放入半锅水，煮沸后放入所有的菇类烫约2分钟后捞出。
3. 将所有菇类及红甜椒条、黄甜椒条加入所有调味料与姜末搅拌均匀至入味即可。

130 西蓝花拌舞菇

＊材料＊

西蓝花 …………… 200克
舞菇 ……………… 130克
圣女果 …………… 80克
蒜片 ……………… 10克

＊调味料＊

香油 ……………… 1大匙
盐 ………………… 1/4小匙
糖 ………………… 少许

＊做法＊

1. 西蓝花切小朵后洗净；舞菇、圣女果洗净后切块。
2. 将西蓝花、舞菇放入沸水中汆烫后捞出、沥干水分。
3. 将汆烫好的西蓝花和舞菇放入容器，加入蒜片、圣女果和所有调味料一起拌匀即可。

养生也能好美味

西蓝花汆烫后可放入冰水中冰镇一下，看起来颜色会更翠绿可口。

131 什锦菇沙拉

* **材料** *

什锦菇 ………… 150克
（美白菇、松茸菇、
鲜香菇、蘑菇）
细芦笋 …………… 50克
西红柿 ……………… 1个

* **调味料** *

A.和风柴鱼酱油··适量
　七味粉 ………… 适量
B.蛋黄酱 ………… 适量
　黄芥末 ………… 适量

* **做法** *

1.将什锦菇放入沸水中氽烫约1分钟；细芦笋放入沸水中氽烫30秒，备用。
2.西红柿去蒂，底部划十字，放入沸水中氽烫一下，取出去皮切瓣，备用。
3.取盘，先放入细芦笋，再摆入烫好的什锦菇与西红柿即成蕈菇沙拉。
4.取一小碟，挤入调味料B，再倒入和风柴鱼酱油，撒上七味粉，搭配什锦菇沙拉食用即可。

132 意大利香菇沙拉

材料

鲜香菇	10朵
蒜蓉	2颗
红葱头	2颗
洋葱	1/3个

调味料

盐	少许
白胡椒	少许
香油	1小匙
红酒	100毫升
白里香	2根
奶油	1小匙

做法

1. 鲜香菇去蒂，切成小片；蒜蓉和红葱头切片；洋葱洗净切丝，备用。
2. 取一只炒锅，加入1大匙沙拉烧热油，再加入做法1的材料（鲜香菇片除外）以中火先炒香。
3. 加入鲜香菇片和所有调味料，将所有材料拌炒至汤汁略收即可。

133 海带芽拌雪白菇

材料

雪白菇	120克
海带芽	适量
姜丝	10克
红辣椒丝	10克

调味料

鲣鱼酱油	2大匙
味醂	1大匙
糖	少许

做法

1. 将雪白菇去蒂洗净。
2. 将雪白菇放入沸水中汆烫后捞起；再放入海带芽汆烫后捞起。
3. 将雪白菇、海带芽、姜丝、红辣椒丝和所有调味料拌匀即可。

养生也能好美味

汆烫过后的雪白菇跟海带芽不需泡冰水冰镇，趁热拌匀香气更浓，味道也更好。

134 白灵菇沙拉

材料

白灵菇 ············· 130克
苹果 ····················1个
鲟味棒 ················10根
芹菜 ····················2根
小黄瓜 ················1根

调味料

香油 ····················1大匙
蒜泥 ····················1小匙
盐 ························少许
黑胡椒 ················少许
西式香料 ············少许

做法

1.白灵菇洗净切段，放入沸水中汆烫，捞起冰镇再沥干水分；苹果洗净、切片，备用。
2.鲟味棒洗净；芹菜洗净切小片；小黄瓜洗净切条。
3.依序将做法2的材料放入沸水中，汆烫过水，再捞起沥干，备用。
4.将调味料放入容器中搅拌均匀，再将做法1、做法3的材料加入，混合拌匀即可。

135 槟榔心养生菇

材料

鲍鱼菇	30克
美白菇	30克
槟榔心	150克
胡萝卜	5克
黑木耳	5克
葱	5克
水	400毫升
色拉油	适量

调味料

盐	1小匙
砂糖	1/2小匙
米酒	1大匙
高汤	2大匙
香油	1小匙

做法

1. 槟榔心洗净沥干，切长片；鲍鱼菇洗净沥干，对切开；美白菇洗净沥干，切段；胡萝卜、黑木耳洗净沥干，切长条；葱洗净沥干，斜切段备用。
2. 取锅，倒入400毫升的水煮至滚沸，放入槟榔心、鲍鱼菇片、美白菇煮约2分钟后，捞起泡入冰水中约1分钟，再捞起沥干备用。
3. 取锅，加入适量油烧热后，放入葱段爆香，再放入槟榔心和胡萝卜、黑木耳和所有调味料略拌。
4. 将做法3的炒料取出，加入鲍鱼菇片及美白菇拌匀即可。

136 蚝油拌什锦菇

材料

鲜香菇	70克
杏鲍菇	70克
柳松菇	70克
蚝油酱	2大匙

做法

1. 鲜香菇洗净去蒂切片；杏鲍菇洗净切片，柳松菇洗净去头，将3种菇类一起放入沸水中汆烫30秒后沥干备用。
2. 将做法1材料放加入蚝油酱一起拌匀即可。

蚝油酱

【材料】
姜15克、葱20克、蚝油80克、细砂糖15克、香菜末15克、凉开水20克、白胡椒粉1/2小匙

【做法】
1. 姜、香菜洗净切成细末；葱洗净切葱花，备用。
2. 将所有材料混合拌匀即可。

137 柳松菇拌菠菜

* 材料 *

柳松菇 ··············少许
菠菜 ················1把
嫩姜丝 ··············少许

* 调味料 *

芝香油 ··············少许
盐 ·················1小匙

* 做法 *

1. 菠菜洗净切段备用。
2. 水煮开后，先加入几滴油及少许盐，再分别放入菠菜、柳松菇烫熟后捞起备用。
3. 将所有材料和调味料拌匀盛盘即可。

138 甘醋淋烤菇

* 材料 *	* 调味料 *
鲜香菇 ··········50克	白醋 ··········1大匙
松茸菇 ··········50克	味醂 ··········1小匙
美白菇 ··········50克	和风柴鱼酱油···1大匙
珊瑚菇 ··········2大朵	
小豆苗 ··········20克	

* 做法 *

1. 鲜香菇洗净切片；松茸菇、美白菇、珊瑚菇洗净剥散；所有调味料混合均匀，备用。
2. 将鲜香菇片、松茸菇、美白菇、珊瑚菇放入烤箱中，以220℃的温度烤至上色且熟（或用平底锅干煎），取出盛盘。
3. 小豆苗洗净沥干，加入盘中拌匀，再淋上混合的调味料即可。

139 奶油烤金针菇

* 材料 *

金针菇 ………… 400克
巴西里末 ………… 适量

* 调味料 *

奶油 ………… 1大匙
盐 ………… 1/4小匙

* 做法 *

1. 金针菇洗净、切除根部，备用。
2. 取一烤盘，装入金针菇及调味料，备用。
3. 烤箱预热至180℃，放入烤盘烤约3分钟后，
   撒上巴西里末即可。

养生也能好美味

金针菇也可换成综合菇类，在超市就可买到综合什锦菇，一盒内有多种菇类，方便使用，常见的有鲜香菇、秀珍菇、金针菇、杏鲍菇、松茸菇等。

140 烤杏鲍菇

* 材料 *		* 调味料 *	
杏鲍菇	3朵	盐	1/4小匙
玉米笋	2支	黑胡椒粉	适量
芦笋	2根		
蒜泥	10克		
奶油	30克		

* 做法 *

1. 杏鲍菇洗净去蒂头；玉米笋洗净；芦笋洗净切段。
2. 用铝箔纸抹上奶油、放蒜泥，再放上做法1的材料和所有调味料。
3. 另取一张铝箔纸覆盖包好，放入烤箱烤约15分钟。

养生也能好美味

用铝箔纸包裹放入烤箱比较不易烤焦，且能将奶油香味和水分锁住。

141 蜜汁烤杏鲍菇

材料

杏鲍菇 ……………… 3根
熟白芝麻 …………… 适量

调味料

酱油 ……………… 1大匙
砂糖 ……………… 1大匙
香油 ……………… 1小匙
味酥 ……………… 1小匙
盐 ………………… 少许
黑胡椒 …………… 少许
水 ………………… 2大匙

做法

1. 杏鲍菇洗净、切直片，再放入所有调味料中拌匀，腌渍约10分钟，备用。
2. 将腌渍好的杏鲍菇放入预热好的烤箱，以200℃的温度烤约10分钟，至杏鲍菇表面微干。
3. 将烤好的杏鲍菇片取出，撒上熟白芝麻即可。

养生也能好美味

将杏鲍菇切成适当大小的片，在烤前先腌渍一下，就能轻松料理出好味道。

142 味噌烤鲜菇

* 材料 *

鲜香菇 ············ 150克
茄子 ············· 100克

* 酱料 *

味噌 ·············· 5大匙
砂糖 ·············· 2大匙
香油 ·············· 1大匙
水 ··············· 200毫升
红话梅 ············ 2颗

* 做法 *

1. 茄子洗净切斜片；鲜香菇洗净去蒂头；将茄子片和香菇串好备用。
2. 将混合拌匀的酱料，涂抹在串好的蔬菜串上，放入已预热的烤箱中，以上火200℃下火150℃的温度烤约3分钟至蔬菜外观略焦即可。

养生也能好美味

在烤酱材料中加入红话梅，可以让烤酱吃起来带有甘甜的口感。

143 焗烤鲜菇

* 材料 *

鲜香菇 ············ 12朵
培根 ·············· 3片
西芹 ·············· 1/2根
小黄瓜 ············ 1根
奶酪丝 ············ 适量
米酒水 ············ 适量
淀粉 ·············· 适量
香菜叶 ············ 适量

* 调味料 *

盐 ··············· 少许
蛋黄酱 ············ 2大匙
粗黑胡椒粉 ········· 少许

* 做法 *

1. 将培根放入干锅中煎至略焦后，取出切成小丁；西芹洗净切小丁；小黄瓜去籽切小丁，备用。
2. 香菇去除蒂头后，用米酒水洗净备用。
3. 将做法1的所有材料加入盐、粗黑胡椒粉拌匀，再加入蛋黄酱拌匀。
4. 将香菇用餐巾纸擦干水分，刷上薄薄的一层淀粉，再填入做法3的材料，撒上奶酪丝。
5. 烤箱预热后，放入香菇以180℃的温度烤至奶酪呈金黄色后取出，放上香菜叶作装饰即可。

144 焗烤香菇西红柿

* 材料 *

鲜菇片 ⋯⋯⋯⋯⋯ 300克
西红柿片 ⋯⋯⋯⋯ 200克
奶酪丝 ⋯⋯⋯⋯⋯ 100克

* 调味料 *

鸡蛋 ⋯⋯⋯⋯⋯⋯ 1个
牛奶 ⋯⋯⋯⋯⋯ 200毫升

* 做法 *

1. 调味料混合拌匀。
2. 将鲜香菇片和西红柿片整齐排入焗烤容器中，淋上调味料，撒上奶酪丝备用。
3. 将焗烤容器放入已预热的烤箱中，以上火180℃、下火150℃的温度烤约10分钟至熟后取出。

145 焗烤西蓝花鲜菇

* 材料 *

秀珍菇25克、黑珍珠菇20克、鲜香菇2朵、西蓝花150克、蒜泥10克、洋葱花10克、玉米笋片100克、奶酪丝适量

* 调味料 *

盐1/4小匙、黑胡椒粒少许、奶酪粉少许

* 做法 *

1. 将秀珍菇、黑珍珠菇、鲜香菇分别洗净备用。
2. 西蓝花切小朵洗净后，放入沸水中，再加玉米笋片、少许盐（分量外）汆烫一下。
3. 热锅加1大匙油（材料外），先将蒜泥、洋葱花爆香，放入做法1的所有菇类拌炒，再放入西蓝花、玉米笋片、所有调味料炒匀。
4. 将做法3的所有材料盛入烤皿中，撒上奶酪丝，放入烤箱中，烤至表面上色即可。

养生也能好美味

把所有的食材烫熟后再放入烤箱烘烤，更容易熟透，也能避免奶酪烤焦，食材却还不熟。

146 茄汁肉酱焗烤杏鲍菇

＊材料＊ ＊调味料＊

杏鲍菇 ……… 200克　茄汁肉酱 ……… 2大匙
奶酪丝 ……… 30克

＊做法＊

1. 杏鲍菇洗净沥干，纵向切厚片，和调味料混合拌匀，装入容器中。
2. 撒上奶酪丝，放入已预热的烤箱中，以上火200℃、下火150℃的温度烤约10分钟至表面呈金黄色即可。

茄汁肉酱

材料：牛肉泥300克、猪肉泥300克、西红柿配司340克、蒜碎10克、洋葱碎50克、西芹碎50克、胡萝卜碎30克、月桂叶1片、红酒250毫升、市售牛高汤2000毫升、橄榄油1大匙、盐适量、胡椒粉适量

做法：

1. 取一深锅，倒入橄榄油加热后，放入蒜碎以小火炒香，再放入洋葱碎炒至软化，最后放入西芹碎及胡萝卜碎炒软。
2. 锅中放入牛肉泥、猪肉泥炒至干松后，放入月桂叶、红酒以大火煮沸，让酒精蒸发。
3. 转小火，放入西红柿配司、市售牛高汤继续熬煮约30分钟至汤汁收干约为2/3量时，再加盐、胡椒粉调味即可。

食谱示范：吴志庆

奶酪培根焗蘑菇　咖喱蔬菜烤蘑菇

白酱磨菇　洋葱蘑菇焗丝瓜

147 奶酪培根焗蘑菇

＊材料＊

蘑菇(直径约4厘米)
…………………6朵
培根………………40克
洋葱………………40克
蒜泥………………10克
奶酪丝……………50克

＊调味料＊

无盐奶油…………1大匙
黑胡椒粉…………少许
盐…………………少许

＊做法＊

1.将蘑菇蒂头挖掉后，放至烤盘上；洋葱及培根切末，备用。
2.热锅，放入奶油、蒜泥、培根末、盐、黑胡椒粉，以小火煸炒至洋葱软化，培根微焦香后取出。
3.将炒好的料填入蘑菇蒂头凹洞中，填满后铺上奶酪丝，放入烤箱，以上下火均为200℃的温度烤约5分钟至表面金黄即可。

148 咖喱蔬菜烤蘑菇

＊材料＊

蘑菇……………160克
蒜苗………………1根
红甜椒……………1个
西蓝花……………20克
秋葵………………4根
奶酪丝……………100克

＊调味料＊

咖喱粉……………1大匙
香油………………1小匙
米酒………………1大匙
盐…………………少许
白胡椒……………少许
水…………………适量

＊做法＊

1.蘑菇洗净，再对切；蒜苗洗净切小片；红甜椒洗净切片；西蓝花洗净切小朵；秋葵洗净去蒂；烤箱以200℃的温度预热约10分钟，备用。
2.取一只炒锅，加入1大匙色拉油烧热，放入做法1的材料以中火爆香，再加入所有的调味料拌炒均匀至香气散出。
3.取一烤皿，将炒好的材料放入，再撒上奶酪丝，放入预热好的烤箱中，以200℃的温度烤约10分钟，至表面上色且奶酪丝融化即可。

149 白酱蘑菇

＊材料＊

A.蘑菇(小)……120克
西蓝花…………100克
B.奶油……………1大匙
牛奶…………150毫升
水……………150毫升
低筋面粉…………1大匙
奶酪片……………2片
面包粉……………适量

＊调味料＊

黑胡椒……………适量
鸡粉………………少许
盐…………………适量

＊做法＊

1.西蓝花洗净切小朵氽烫后沥干；蘑菇洗净，备用。
2.热锅，放入奶油热至融化，放入低筋面粉炒香，加入水、牛奶煮沸，放入奶酪片拌煮至溶化即成白酱，熄火备用。
3.另热锅，倒入少许油，放入蘑菇、西蓝花及所有调味料炒匀，倒入白酱拌匀。
4.将做法3的材料倒入焗烤盘中，再撒上面包粉，将焗烤盘放入烤箱中以200℃的温度烤至上色即可。

150 洋葱蘑菇焗丝瓜

＊材料＊

A.蘑菇80克、蒜蓉1颗、红葱头2颗、奶油1大匙、番茄酱1大匙、高汤500毫升、玉米粉1大匙、水1大匙
B.丝瓜200克、奶酪丝50克

＊调味料＊

什锦意大利香料5克、干洋葱片50克、盐适量

＊做法＊

1.蘑菇洗净切丁；蒜头、红葱头切碎，备用。
2.丝瓜去皮去籽，切成条，放入沸水中氽烫至熟备用。
3.热锅加入奶油以小火煮融，放入蒜碎、红葱头碎以小火炒香，加入蘑菇丁炒软，加入所有调味料炒香。
4.加入高汤、番茄酱煮约20分钟，将玉米粉加水调匀入锅勾芡。
5.将丝瓜与2大匙洋葱蘑菇酱拌匀，放入烤盅内，撒上奶酪丝，放入已预热的烤箱中，以上火250℃、下火100℃的温度烤约5分钟即可。

151 焗烤松茸菇

＊材料＊

松茸菇 ⋯⋯⋯⋯⋯1包
美白菇 ⋯⋯⋯⋯⋯1包
玉米笋 ⋯⋯⋯⋯⋯8根
西蓝花 ⋯⋯⋯⋯⋯1/3朵
鲟味棒 ⋯⋯⋯⋯⋯2根
奶酪丝 ⋯⋯⋯⋯⋯50克

＊调味料＊

市售白酱 ⋯⋯⋯⋯3大匙
盐 ⋯⋯⋯⋯⋯⋯⋯少许
白胡椒 ⋯⋯⋯⋯⋯少许

＊做法＊

1. 先将松茸菇和美白菇去蒂、洗净；玉米笋去蒂；西蓝花切成小朵。将前述材料放入沸水中汆烫过水，捞起，备用。
2. 鲟味棒洗净放入沸水中，稍微汆烫过水后捞起沥干；烤箱以200℃的温度预热约10分钟。
3. 取一个烤皿，加入汆烫过的松茸菇、美白菇、玉米笋、西蓝花、鲟味棒和所有调味料，再撒入奶酪丝。
4. 将烤皿放入预热好的烤箱中，以200℃的温度烤至表面上色且奶酪融化即可。

152 焗香草杏鲍菇

材料

杏鲍菇 ⋯⋯⋯⋯ 5朵
蒜碎 ⋯⋯⋯⋯ 1大匙
橄榄油 ⋯⋯⋯⋯ 适量
鸡高汤 ⋯⋯⋯⋯ 30克
奶酪丝 ⋯⋯⋯⋯ 适量
面包粉 ⋯⋯⋯⋯ 适量
罗勒碎 ⋯⋯⋯⋯ 适量

调味料

黑胡椒粒 ⋯⋯⋯⋯ 适量
意式什锦香草 ⋯⋯⋯ 适量
盐 ⋯⋯⋯⋯ 适量

做法

1. 杏鲍菇洗净，对切成大块备用。
2. 取锅，加入橄榄油，将蒜碎爆香后，放入杏鲍菇块煎至金黄色后，加入黑胡椒粒、意式什锦香草和盐略翻炒，再加入鸡高汤煨煮一下至入味，盛入烤盅内。
3. 撒上奶酪丝、面包粉和罗勒碎，放入已预热的烤箱中，以上火250℃、下火100℃的温度烤5~10分钟至表面略焦黄上色即可。

153 焗烤什锦菇

材料

杏鲍菇 ⋯⋯⋯ 50克
新鲜香菇 ⋯⋯⋯ 50克
美白菇 ⋯⋯⋯ 50克
秀珍菇 ⋯⋯⋯ 50克
金针菇 ⋯⋯⋯ 30克
蒜碎 ⋯⋯⋯ 1大匙
洋葱碎 ⋯⋯⋯ 1大匙
橄榄油 ⋯⋯⋯ 适量
冷开水 ⋯⋯⋯ 少许
奶酪丝 ⋯⋯⋯ 适量

调味料

意式什锦香料适量
粗黑胡椒粉 ⋯⋯ 适量
盐 ⋯⋯⋯ 1/4小匙
奶酪粉 ⋯⋯⋯ 适量

做法

1. 杏鲍菇洗净，切滚刀块；新鲜香菇洗净，切十字花；美白菇洗净，切去蒂头；秀珍菇洗净；金针菇洗净，切三等份备用。
2. 取锅，加入橄榄油，将蒜碎爆香后，放入做法1的菇类（金针菇先不加入）拌炒，再加入意式什锦香料、粗黑胡椒粒和少许冷开水以小火煨煮至入味，再加入金针菇和盐略翻炒后，盛入容器中。
3. 撒上奶酪丝，放入已预热的烤箱中，以上火250℃、下火100℃的温度烤5~10分钟至表面略焦黄上色，取出撒上奶酪粉即可。

154 奶油什锦菇焗饭

＊材料＊

什锦菇	100克
洋葱花	20克
米饭	120克
奶酪丝	30克
西蓝花	30克
红甜椒丁	20克
黄甜椒丁	20克

＊调味料＊

市售奶油白酱 …2大匙

＊做法＊

1. 什锦菇洗净沥干备用。
2. 取平底锅，加入少许奶油，放入洋葱花、什锦菇炒香，加入奶油白酱和米饭拌匀，撒上奶酪丝。
3. 放入预热烤箱中，以上火250℃、下火150℃的温度烤约2分钟烤至表面呈金黄色。
4. 西蓝花洗净分切成小朵，烫熟沥干后，和黄甜椒丁、红甜椒丁，一同放入奶油野菇焗饭上作装饰即可。

菇类料理美味 Q&A

在做香菇料理时常常会遇到很多问题，以下我们就列出几种做菇类料理时常见的问题，解决了这些问题，做料理时才能事半功倍哦！

Q1 买菇类时要怎么挑选？

首先要注意外观是否完整，如果有破损，建议不要选购；此外摸起来要有弹性，新鲜的菇类都非常有弹性；再者就是闻一闻有没有酸败味，新鲜的菇类应该带有清香味；如果是袋装，就要注意是否有水气，有水气表示存放太久。

Q2 菇类料理有种特殊味道，不喜欢怎么办？

一般来说菇类都带有清香味，但是本身略有种特殊的味道，有人会认为是一种菇腥味或霉味，其实只要在料理前用加了米酒的水清洗或汆烫，就可以去除这种味道了。

Q3 蘑菇切了之后会变黑，应该怎么防止？

蘑菇一切开或受到损伤，表面就会氧化变成黑褐色，为了料理美观可以先用冰盐水浸泡，除了可以防止蘑菇氧化，也能保持蘑菇本身的口感。

Q4 菇类在料理后都会产生很多水分，该怎么解决？

大部分的菇类都含有大量的水分，因此在料理之后会出水，为了不破坏料理的美观与味道，可以先汆烫过，这样就可以减少菇类出水，但在料理后也要尽快食用，因为料理好的菇类放久了还是会渗出一些水分，口感跟风味都会打折扣。

Q5 干香菇一次买一整包，没吃完要怎么保存？

干燥的香菇有种特殊的香气，一般来说干香菇只要密封放在干燥处，味道就不会变太多。但如果天气潮湿，又没有妥善保存，香菇就很容易产生霉味。所以建议买来尽快吃完，若放置的时间较久，最好先密封，再放入冰箱中保存。

Q6 菇类怎么炸才不会太干？

一般菇类很少直接下锅油炸，因为水分很容易一下就炸干，而且吃起来含油量太高，所以最好是裹粉后再下锅，口感也会比较好。裹粉时，注意面衣要厚薄适中，太厚吃不到菇肉的原味，太薄又容易太干。

养生杂粮饭粥 · 杂粮变化料理 · 健康杂粮点心
杂粮也能多样而美味！

高纤五谷杂粮篇
Whole grains

常用养生杂粮介绍

1.杏仁

可分为北杏跟南杏，南杏味道甘甜又称作甜杏仁，北杏则略带苦味称作苦杏仁，而中医用药大都使用北杏仁。但不管哪一种杏仁都含有大量的维生素E，可以抗氧化、抗老化。

2.亚麻仁

有助于通肠润便，适用于体弱多病、产后肠燥便秘及习惯性便秘的人，适量食用亚麻仁可排除滞留体内的宿便、毒素。

3.莲子

是荷花的种子，以湖南的"湘莲"最有名。莲子含有丰富的蛋白质、钙、磷、铁、淀粉等成分，有助气血循环，对健脾补肾、防止老化很有帮助。

4.薏米

又称小薏米，原产于荷兰，因较易煮透，且具粘稠性，口感较大薏米好，薏米汤及八宝粥大多使用这种薏米，可以美白皮肤、排水利尿。

5.花豆

原产于中南美洲的花豆，含有丰富的膳食纤维，可以促进肠胃蠕动、帮助排便，并且可以去水肿、去脚气，也能降低胆固醇，预防心血管疾病的发生，但因淀粉质较多，减肥者请适量食用。

6.高粱

又称蜀黍，有红高粱与白高粱两种，红高粱通常用于酿酒，白高粱则多当作粮食，能补气、健脾、养胃、止泻，适合消化不良的人食用。

1 杏仁　　2 亚麻仁　　3 莲子　　4 薏米　　5 花豆　　6 高粱　　7 芡实　　8 糙薏米　　9 荞麦

7.芡实

是一种睡莲科植物的种子，俗称鸡头米，是制作四神汤不可或缺的食材之一，含有丰富的淀粉及少量的蛋白质、维生素等营养成分，中医常用来治疗腹泻、尿频。

8.糙薏米

又称作红薏米，因为未经过精制去除糙皮，所以较一般白色的薏米除有降血脂、美白、消水肿的功效外，还可以增强免疫力，适量食用有助于抗过敏。

9.荞麦

被日本人奉为优良的保健食品，因为荞麦不但可以降血脂，降低心血管疾病的发生几率，更含有许多对心血管有保护作用的微量元素，此外更能抗癌，是相当理想的养生食材。

养生饭除了谷类外还有不少杂粮，看似简单的食材却蕴含丰富的营养元素，用这些五谷杂粮混合煮成一碗具有排毒养生功效的饭代替精致的白米饭，不但能改善身体机能、排除身体毒素，还能让气色更好，肌肤看起来水灵灵喔！

10 大薏米

11 地瓜、芋头

12 红豆

13 栗子

14 红枣

15 银耳

16 碎玉米

17 南瓜

18 米豆

10.大薏米
可改善肠胃功能、消水肿，还具有改善皮肤状况、美白的功效。大薏米不易熟透，需浸泡较久。此外，食用大薏米会促进子宫收缩，故孕妇忌食。

11.地瓜、芋头
含有大量膳食纤维的地瓜可以改善排便不顺，排除体内累积的毒素、中和体内酸性物质，更可预防心血管硬化。而芋头则具有保护牙齿与改善肤质的效用。

12.红豆
可用来消水肿、利气、健脾、清热，对于心脏、肾脏有很好的补益作用。此外红豆因为具有丰富的铁质，有补血的功效，对于贫血的女性也有帮助。

13.栗子
含大量的淀粉，同时还含有蛋白质、脂肪、B族维生素等营养成分，可补肾、强筋骨，改善腰腿无力，因此也有"干果之王"的称号。

14.红枣
常见于中药里的红枣有补中益气的功效，且能使血液中的含氧量增加，有养肝、增强体力效果，很适合经常熬夜的人食用。此外由于红枣可以调和诸药，因此常添加于中药之中。

18.米豆
米豆含有大量的蛋白质与淀粉质，但因为有较高的热量，以往也会将米豆与饭一起煮，代替不足的白米，因此有此名称，不过却比单吃白米增添了蛋白质。

17.南瓜
南瓜是种营养价值很高的食材，含有丰富的铁、钙质，还含有大量的胡萝卜素，可以补气、补血。多吃南瓜还可以使排便顺畅，改善肤质，对于女性养颜美容很有帮助。

16.碎玉米
碎玉米其实就是将玉米粒加工打碎，方便用来烹调。玉米含有淀粉、蛋白质、钙质、胡萝卜素、核黄素与各种维生素，可以预防心血管疾病，还有抗癌的功效。

15.银耳
又称银耳、雪耳，主要成份为10%的植物性胶质蛋白质、70%的矿物质，钙质含量最高，可防止出血、维持肌肤水分、避免产生皱纹及促进荷尔蒙分泌，更是低热量食品，适合正在减肥的人食用。

认识养生米

发芽米

糙米经超音波强力洗净，去除表面杂质及灭菌，以温水进行18~22小时的发芽处理，使营养成分达到高峰点后，停止发芽程序，再经低温干燥后就制成发芽糙米。发芽米含丰富的氨基丁酸、IP-6、食物纤维，以及B族维生素，能充分提供每日营养所需。

白米

将糙米碾去米糠层及胚芽，所剩下的胚乳就是白米。因为没有硬硬的外壳，所以白米吃起来比较甜而软。仔细观察白米都会缺少一角，其实缺少的部分就是种子的胚芽。米粒的胚芽虽富含营养，但脂肪含量高，容易发霉变质，因此农人或米商为了米粒口感及长久保存考量，就将米糠及胚芽碾去，留下白米。

小米

小米即粟米粒的俗称。为一年生禾本科粟属植物，较一般杂粮作物耐旱、抗病虫害、耐贮藏、生育期短，为我国传统的农作物，其风味特殊、营养丰富，含蛋白质、膳食纤维、脂肪及维生素等。

红米

红米是糙米的一种，不同于一般淡黄色的糙米，是因红米留有较多未被碾去的表谷，因此色泽较深，保存的营养也较多，但口感略显粗糙。红米含有丰富的蛋白质、膳食纤维、矿物质及维生素B，其中纤维含量更为白米的两倍，而其所含的水溶性纤维，可降低胆固醇。

野米

野米外壳未经打磨，因此保留着丰富的营养素与纤维质。野米含丰富的蛋白质、膳食纤维、矿物质等，营养价值极高，但热量只有糙米的一半，适宜减肥族食用。

黑米

黑米又称紫米，外表颜色为黑色，主要是因为米粒外部的皮层含有花青素类色素，具有抗衰老作用。黑米富含蛋白质、氨基酸、维生素B_1、维生素B_2、铁与特有的黑色素，具有滋阴、补肾、健脾暖胃、明目活血等功效。黑米不易煮烂，因此煮前应先浸泡。

糙米

田间收获的稻谷，经加工脱去谷壳后就是糙米。日本称为玄米，给予适量的水温以发芽，即为发芽米。就米饭的营养而言，糙米保存了最完整的稻米营养，其蛋白质、脂质、纤维及维生素B_1等含量也均比白米高。

118

杂粮饭好吃秘诀

五谷指的是哪五谷？比例如何搭配？

五谷没有绝对的种类，只要是谷类或是杂粮皆可入锅炊煮，有些谷类对肠胃有很好的调养效果，比起精致的白米更能促进肠胃蠕动且更有饱足感。

避免使用有破损或虫咬、有斑痕的谷类杂粮

破裂受损的谷类在洗净的过程中可能会完全断裂，炊煮过后口感容易太粘，影响杂粮饭煮好后的风味；而虫咬过的豆类也会让饭吃起来口感不佳。开封过的杂粮要密封保存放在冰箱中冷藏才能保持新鲜。

煮饭前需先浸泡

煮杂粮饭可别因为觉得麻烦或想省时就忽略了"浸泡"这个重要的步骤，将未经浸泡的杂粮直接放入电锅中煮，不仅所需的水量和浸泡后的水量完全不同，而且煮熟所需要的时间更长，虽不至于煮不熟，但口感会比浸泡后再煮来得差，所以想吃美味的杂粮饭，务必事先浸泡。

一般来说，各种五谷杂粮所需的浸泡时间皆有所不同，豆类约5~6小时，冬天甚至需要约8小时，而糙米、胚芽米等谷类，则约需要3小时；麦片、白米等则无需浸泡就能将芯煮透，书中各道食谱做法皆交代了详细的浸泡时间。

掌握杂粮和水的比例杂粮饭就好吃

一般来说，浸泡过的杂粮和水大多是以1：1的比例下锅煮，但也可依个人喜好的口感做调整，如果喜欢粒粒分明的口感，以1：1的比例烹煮即可；若是喜欢较湿润、软滑的口感，则可以用1：1.2至1：1.3的比例烹煮(即1杯五谷杂粮中加入1.2~1.3杯水)，。若用电子锅煮，水量需稍多些，约1.1~1.2倍。

电锅开关跳起后再焖5~10分钟口感更佳

煮杂粮饭时，在电锅开关跳起后，千万不要立刻将锅盖打开，要等到蒸气孔冒出的蒸气变少，再打开锅盖，以饭匙均匀搅拌米饭，让被焖在中间的米饭也能散发多余的水气，而表面的米饭不会因未散失过多的水分而干硬。

155 五谷胚芽饭

＊材料＊

五谷米 …………… 1杯
胚芽米 …………… 1/3杯
水 …………… 适量

＊做法＊

1. 将胚芽米、五谷米泡水5~6小时后备用。
2. 将胚芽米、五谷米洗净后沥干。
3. 将五谷米和胚芽米混合后放入电锅内锅中，加入水。
4. 将电锅内锅放入电锅中，于外锅加入1.5杯水（分量外），按下开关，煮至开关跳起后再焖约20分钟即可。

养生也能好美味

全谷类的食物可以提供较高的膳食纤维，多摄取可减少因为高蛋清、高油脂饮食所造成的便秘等问题。

156 五谷饭

材料

五谷米 ············· 300克
白米 ············· 50克
圆糯米 ············· 50克
水 ············· 400毫升

做法

1. 五谷米洗净，泡水约6小时后沥干水，备用。
2. 白米、圆糯米洗净沥干，备用。
3. 将五谷米、白米和圆糯米放入电锅内锅中，加入水，再于电锅外锅加入2杯水，盖上锅盖，煮至开关跳起，继续焖5~10分钟即可。

养生也能好美味

五谷米、十谷米可以直接去杂粮行请店家帮忙搭配，每家的配方稍有不同，但煮法差不多，最好都能事先浸泡，这样煮出来的口感会比较好。

坚果黑豆饭　八宝养生饭

牛蒡芝麻饭　红豆薏米饭

157 坚果黑豆饭

材料

白米 ········· 2杯
红米 ········· 30克
水 ··········· 1.8杯
黑豆 ········· 20克
松子 ········· 15克
胡桃 ········· 15克
核桃 ········· 15克
香油 ········· 1小匙

调味料

盐 ··········· 1小匙

做法

1. 白米洗净，泡水10~15分钟，沥干备用；红米略洗，浸泡2~3小时，沥干备用。
2. 黑豆洗净沥干，放入干锅中以小火拌炒至香味散出，且表皮略为爆开，取出备用。
3. 将核桃、胡桃切丁，与松子一起加入干锅中拌炒至香味散出，取出备用。
4. 将上述所有材料、香油与水放入电子锅中，按下煮饭键煮至开关跳起，翻松材料再焖10~15分钟即可。

养生也能好美味

传统电锅煮法：外锅加1杯水，按下开关煮至开关跳起翻松材料，再焖10~15分钟即可。

158 八宝养生饭

材料

A. 红豆 ········· 35克
　 绿豆 ········· 25克
　 薏米 ········· 30克
　 小薏米 ······· 30克
　 雪莲子 ······· 30克
　 花生仁 ······· 30克
　 糙米 ········· 100克
B. 圆糯米 ········· 100克
C. 桂圆肉 ········· 50克
　 米酒 ········· 50毫升
　 水 ··········· 380毫升

做法

1. 桂圆洗净沥干，加入米酒拌匀，浸泡备用。
2. 材料A加水洗净，浸泡约6小时后沥干，备用。
3. 圆糯米洗净、沥干，备用。
4. 将做法2的材料和圆糯米放入电锅内锅中，加入水和桂圆肉。
5. 将内锅放入电锅中，于外锅加入2杯水，盖上锅盖，煮至开关跳起后继续焖约10分钟即可。

养生也能好美味

八宝饭的材料种类多，所以材料浸泡的时间一定要足够，让豆类都涨发，这样才不会煮起来熟度不一，影响口感。

159 牛蒡芝麻饭

材料

五谷米 ········· 300克
牛蒡 ········· 100克
水 ··········· 300毫升
白芝麻 ········· 适量

调味料

盐 ··········· 1/2小匙
鸡粉 ········· 少许
香油 ········· 少许

做法

1. 五谷米洗净后于冷水中浸泡6~8小时，捞出沥干水分，备用。
2. 牛蒡洗净去皮、切丝，备用。
3. 取五谷米和牛蒡丝，倒入水拌匀后放入电子锅蒸熟，熟透时趁热加入白芝麻和所有调味料拌匀，盖上锅盖继续焖约5分钟即可。

160 红豆薏米饭

材料

红豆 ········· 40克
薏米 ········· 40克
白米 ········· 100克
水 ··········· 180毫升

做法

1. 红豆用冷水（材料外）浸泡约4小时，至涨发后捞起沥干水分备用。
2. 将白米、薏米洗净沥干水分，放入锅中，再加入水，与红豆一起拌匀后，放入电子锅中，按下煮饭键煮至熟即可。

161 绿豆薏米饭

材料

绿豆·············100克
小薏米···········200克
水···············300毫升

做法

1. 将有瑕疵的绿豆挑除，洗净后泡水约5小时，再捞起沥干。
2. 薏米洗净，泡水约3小时，沥干水备用。
3. 将绿豆、小薏米和水放入电锅内锅中，再于电锅外锅加入2杯水，盖上锅盖，煮至开关跳起，继续焖5~10分钟即可。

162 糙米饭

材料

糙米·············300克
白米·············100克
水···············400毫升

做法

1. 糙米洗净，泡水约5小时，再沥干水备用。
2. 白米洗净后沥干。
3. 将糙米和白米放入电锅内锅中，加入水，再于电锅外锅加入2杯水，盖上锅盖，煮至开关跳起，继续焖5~10分钟即可。

163 荞麦红枣饭

材料

荞麦··············150克
小薏米·············150克
白米··············50克
红枣··············10颗
水··············350毫升

做法

1. 荞麦、小薏米分别洗净，泡水约3小时后沥干，备用。
2. 白米洗净沥干；红枣洗净。
3. 将做法1、做法2的材料放入电锅内锅中，再加入水。
4. 将内锅放入电锅中，于外锅加入2杯水，煮至开关跳起后继续焖5~10分钟即可。

164 栗子珍珠薏米饭

材料

栗子··············80克
小薏米·············150克
薏米··············100克
红枣··············10颗
水··············300毫升

做法

1. 栗子洗净，泡水约6小时后去除多余的外皮，沥干水；小薏米洗净，泡水约3小时后沥干水分，备用。
2. 红枣洗净，沥干；薏米洗净，泡水约6小时后沥干，备用。
3. 将做法1、做法2的所有材料放入电锅内锅中，加入水。
4. 将内锅放入电锅中，于外锅加入2杯水，煮至开关跳起后继续焖5~10分钟即可。

黑豆发芽米饭　坚果杂粮饭

红豆饭　紫米红豆饭

165 黑豆发芽米饭

＊材料＊

黑豆 ··············· 40克
发芽米 ··········· 120克
水 ················· 160毫升

＊做法＊

1.黑豆用冷水（材料外）浸泡约4小时，至涨发后捞起沥干水分备用。
2.将发芽米洗净沥干水分，放入锅中，再加入水与黑豆，一起拌匀浸泡约30分钟后，放入电子锅中，按下煮饭键煮至熟即可。

养生也能好美味

黑豆含有多量的植物固醇、皂素和一些有益的微量元素，如钙、磷、铁和维生素E，故常食黑豆有益健康。用豆类来取代部分的肉类，既可增加膳食纤维的摄取，亦可降低动物脂肪的摄取，一举两得，并且也有美容与改善体形的功效。

166 坚果杂粮饭

＊材料＊

核桃 ··············· 10克   亚麻仁 ··········· 10克
松子 ··············· 10克   葵瓜子仁 ········· 10克
高粱 ··············· 20克   水 ··············· 120毫升
糙米 ·············· 120克

＊做法＊

1.高粱用水（材料外）浸泡约1小时涨发后沥干。
2.将糙米洗净后沥干水分。
3.将高粱、糙米及其余材料拌匀放入电子锅中加入水，浸泡30分钟。
4.按下开关蒸至开关跳起，再焖10分钟即可。

养生也能好美味

核桃、松子这些干果类都含有丰富的单元不饱和脂肪酸，可以降低胆固醇，减低脂质氧化而产生的动脉硬化；而亚麻仁更可以通肠润便，对于体弱多病、产后肠燥及习惯性便秘的人，可以改善其肠胃功能，排除体内宿便、毒素。

167 红豆饭

＊材料＊

蓬莱米 ··········· 160克   水 ··············· 800毫升
圆糯米 ··········· 240克   盐 ··············· 3克
红豆 ··············· 50克   黑芝麻 ··········· 适量

＊做法＊

1.蓬莱米洗净，放置于筛网中沥干，静置30~60分钟；圆糯米洗净沥干备用。
2.红豆浸泡于水中（分量外）至膨胀成两倍后，以大火煮至沸腾，倒除水分沥干，然后加入800毫升的水，再以大火煮至沸腾时马上熄火，并将红豆与汤汁过滤分开置放。
3.将圆糯米倒入红豆汤汁中，浸泡2小时。
4.将圆糯米连豆汁一起放入电子锅中，并加入蓬莱米，再加入红豆和盐略拌，按下煮饭键，煮至电子锅跳起再充分翻动，并加入黑芝麻，最后焖10~15分钟即可。

168 紫米红豆饭

＊材料＊

紫米 ··············· 20克   白米 ··············· 20克
红豆 ··············· 30克   水 ··············· 120毫升
薏米 ··············· 20克

＊做法＊

1.紫米、红豆、薏米皆洗净，泡水5~6小时；白米洗净沥干，备用。
2.将紫米、红豆、薏米沥干，和白米一起放入电锅内锅中，再加入水。
3.将内锅放入电锅中，于外锅加入1.5杯水，按下开关，煮至开关跳起后焖约5分钟即可。

养生也能好美味

紫米、红豆都含有丰富的蛋白质与矿物质，如铁可以补血，搭配薏米于坐月子期间食用，也有助于缓解腿部肿胀感。

169 薏米荷叶饭

材料

薏米······250克
小薏米······100克
荷叶······6克
荷叶水······380毫升

做法

1. 荷叶洗净，剪成丝，放入锅中，加入500毫升水（分量外），煮约5分钟，待凉后滤出荷叶水备用。
2. 薏米洗净，泡水6小时；小薏米洗净，泡水约3小时，皆沥干备用。
3. 将薏米、小薏米、荷叶丝放入电锅内锅中，加入荷叶水，再放入电锅中，于外锅加入2杯水，煮至开关跳起后继续焖约10分钟即可。

170 红白薏米饭

材料

薏米······200克
红薏米······150克
小薏米······50克
水······400毫升

做法

1. 薏米、红薏米洗净，泡水约6小时，再捞起沥干水，备用。
2. 小薏米洗净，泡水3小时。
3. 将薏米、红薏米和小薏米放入电锅内锅中，倒入水。
4. 将内锅放入电锅中，于外锅加入2杯水，煮至开关跳起后继续焖10分钟即可。

171 黄豆糙米饭

＊材料＊

糙米 ……………300克
黄豆 ……………100克
水 ……………330毫升

＊做法＊

1.将有瑕疵的黄豆挑除，洗净后泡水约6小时，再沥干备用。
2.糙米洗净，泡水约5小时，再沥干备用。
3.将黄豆和糙米放入电锅内锅中，加入水，再放入电锅中。
4.于外锅加入2杯水，盖上锅盖，煮至开关跳起，再焖约10分钟即可。

172 黑豆饭

＊材料＊

胚芽米 …………300克
黑豆 ……………60克
雪莲子 …………40克
水 ……………320毫升

＊做法＊

1.黑豆、雪莲子各洗净，泡水约6小时，再捞起沥干水，备用。
2.胚芽米洗净，泡水约3小时，再捞起沥干水，备用。
3.将黑豆、雪莲子、胚芽米放入电锅内锅中，加入水，再放入电锅中。
4.于电锅外锅加入2杯水，盖上锅盖，煮至开关跳起后再焖约10分钟即可。

173 桂圆红枣饭

材料

桂圆	60克
胚芽米	200克
小薏米	100克
米酒	50毫升
红枣	10颗
水	360毫升

做法

1. 桂圆洗净沥干，加入米酒拌匀，浸泡备用。
2. 胚芽米、小薏米各洗净泡水3小时；红枣洗净。
3. 将做法1、做法2的材料放入电锅内锅中，再加入水。
4. 将内锅放入电锅中，于外锅加入2杯水，煮至开关跳起后再焖约10分钟即可。

养生也能好美味

如果喜欢桂圆的味道重一些，可以在煮好饭后才将桂圆加入，焖5~10分钟再拌匀，这样桂圆的味道就会比较重。

174 芋头地瓜饭

＊材料＊

芋头 ……………… 40克
地瓜 ……………… 40克
白米 ……………… 140克
水 ……………… 180毫升

＊做法＊

1. 芋头、地瓜去皮切小丁备用。
2. 白米洗净沥干水分，与芋头丁、地瓜丁一起放入锅中，拌匀后再加入水，放入电子锅中，按下煮饭键煮至熟即可。

养生也能好美味

多吃拥有大量膳食纤维的地瓜可以改善排便不顺的困扰，更可借此排除累积的毒素、中和体内酸性物质，因此近年来流行的排毒餐，地瓜可是重要角色；地瓜还可预防心血管硬化，是简单却高营养价值的食材，不过有胀气的人不宜多吃。

175 燕麦小米饭

＊材料＊

燕麦 ……………… 40克
小米 ……………… 40克
发芽米 ……………… 80克
水 ……………… 210毫升

＊做法＊

1. 将燕麦、小米、发芽米一起洗净，放入锅中。
2. 锅中加水浸泡约30分钟后，放入内锅中，外锅加1杯水按下开关煮至跳起，再焖15~20分钟即可。

养生也能好美味

燕麦含丰富的膳食纤维，可以改善消化功能、促进肠胃蠕动、改善便秘，但添加在饭中，应该由少量开始慢慢添加，如果一次食用太多量，可能会造成胀气等。

176 什锦燕麦饭

材料

什锦燕麦·········300克
米豆··············60克
水··············420毫升

做法

1. 米豆洗净，泡水约6小时后沥干水，备用。
2. 将什锦燕麦放入电锅内锅中，再加入米豆和水，将内锅放入电锅中，盖上锅盖。
3. 于电锅外锅加入1.5杯水，煮至开关跳起，再焖约10分钟即可。

177 燕麦饭

材料

燕麦··············150克
小薏米············50克
白米··············150克
水··············380毫升

做法

1. 燕麦、小薏米洗净，各泡水约5小时，再捞起沥干水，备用。
2. 白米洗净沥干。
3. 将燕麦、小薏米和白米放入电锅内锅中，加入水，再泡约30分钟。
4. 将内锅放入电锅中，于外锅加入1.5杯水，盖上锅盖，煮至开关跳起，再焖5~10分钟即可。

178 黄豆糙米菜饭

＊材料＊

糙米	200克	盐	1/2小匙
黄豆	50克	鸡粉	1/4小匙
圆白菜	150克	香油	少许
上海青	50克		
胡萝卜	50克		
水	250毫升		

＊调味料＊

＊做法＊

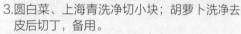

1. 糙米洗净后浸泡于冷水中约6~8小时，捞出沥干水分，备用。
2. 黄豆洗净后浸泡于冷水中约6~8小时，捞出沥干水分，备用。
3. 圆白菜、上海青洗净切小块；胡萝卜洗净去皮后切丁，备用。
4. 将做法1~做法3所有食材，倒入水拌匀后放入电子锅蒸熟，熟透后趁热加入所有调味料拌匀即可。

179 活力蔬菜饭

＊材料＊

糙米	100克	胡萝卜	30克
芹菜	20克	玉米粒	25克
圆白菜	40克	水	120毫升

＊做法＊

1. 圆白菜、芹菜洗净后切丁；胡萝卜洗净去皮切丁，备用。
2. 糙米洗净后沥干水分，与做法1的材料及玉米粒一起放入电子锅中加入水，浸泡30分钟后，按下开关蒸至开关跳起，再焖10分钟即可。

养生也能好美味

糙米、芹菜的纤维质可帮助整肠，排除肠胃内累积的宿便与毒素，让身体更清爽，减少因为毒素累积产生的疲惫感，而胡萝卜更能增强免疫力、体力，所以称之为活力蔬菜饭。

180 百合柿干饭

材料

干百合	50克	白米	160克
柿干	60克	水	220毫升
小米	30克		

做法

1. 干百合用冷水（材料外）浸泡约20分钟，至涨发后沥干水；柿干切小片，备用。
2. 将白米、小米洗净沥干水分，放入锅中，再加入水、百合、柿干片一起拌匀，放入电子锅中，按下煮饭键煮至熟即可。

养生也能好美味

干柿可润肺理气、舒缓喉咙疼痛与发炎症状，对气喘也有一定的辅助治疗功效，可以直接食用；干柿表面那层薄薄的白色糖霜是由果肉的葡萄糖转化而成，有很高的营养价值，因此食用前千万别洗除。

181 莲子百合饭

材料

蓬莱米	320克
珍珠薏米	160克
新鲜百合	50克
新鲜莲子	50克
温水	600毫升

调味料

盐	2克

做法

1. 蓬莱米洗净，放置于筛网中沥干，静置30~60分钟；百合、莲子洗净备用。
2. 珍珠薏米洗净沥干，放入电子锅中，加温水浸泡2小时备用。
3. 将做法1的材料加入电子锅中并加入盐略拌，按下煮饭键，煮至电子锅跳起后，再充分翻动，使米饭吸水均匀，再焖10~15分钟即可。

182 花生黑枣饭

＊材料＊

白米·············200克
花生·············60克
薏米·············50克
黑枣·············6颗
水·············400毫升

＊做法＊

1. 花生洗净，泡水约5小时后洗净沥干水，备用。
2. 薏米洗净，泡水约5小时后沥干水，备用。
3. 将薏米、花生放入电锅内锅中，加入水和黑枣，放入电锅。
4. 外锅加入2杯水，盖上锅盖，煮至开关跳起，焖约10分钟即可。

养生也能好美味

黑枣和红枣的成分类似，但黑枣有补血的效果，且吃太多容易上火；薏米不易熟透，故需浸泡较久的时间。

183 麦片饭

＊材料＊

长糯米 ············300克
麦片 ············240克
雪莲子 ············20克
温水 ············700毫升

＊调味料＊

盐 ······················3克

＊做法＊

1.长糯米洗净沥干，放入电子锅中，与700毫升的温水一起静置约2小时备用。
2.雪莲子洗净泡水至膨胀备用。
3.将麦片略用水冲洗一下，和雪莲子、盐一起放入电子锅中略拌。
4.按下电子锅的煮饭键，煮至开关跳起后，再开盖将米饭充分翻动，使米饭吸水均匀，最后再焖10~15分钟即可。

184 鸡肉五谷米饭

＊材料＊

鸡腿肉 ············200克
圆白菜苗 ············30克
五谷米 ············100克
水 ············120毫升

＊做法＊

1.五谷米洗净，泡约40分钟；鸡腿肉切大块。
2.在内锅中放入五谷米、鸡腿肉块和水，放入电锅中，外锅加入1杯水按下开关，烹煮至开关跳起。
3.放入圆白菜苗焖约2分钟即可。

养生也能好美味

五谷米在使用前，要先清洗过，并浸泡在水中约40分钟后再放入锅中烹煮，这样米饭较容易煮熟，而且口感也较佳。另外煮五谷米的水量也要比平常的米饭水量多一点，免得米饭煮熟后口感过干。

185 茶油香椿饭

材料

米饭 ·················· 1碗
香椿叶 ············· 10克
姜末 ·················· 5克
茶油 ·················· 2小匙
松子 ·················· 5克

调味料

盐 ·················· 1/5小匙

做法

1. 香椿叶洗净，沥干后切细末。
2. 茶油跟姜末炒香后加入香椿叶末，随即放入米饭翻炒。
3. 放入松子拌炒均匀后，再加入盐调味拌匀即可。

养生也能好美味

香椿不但是景观植物树，其嫩叶还可以当作食用蔬菜，做成拌酱或炒菜具有特殊的香味，有助消化、促进食欲的作用，搭配松子炒成炒饭是一道滋养的主食。

高纤五谷杂粮

养生杂粮饭粥

186 杂粮养生粽

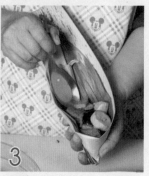

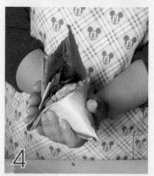

材料

五谷米300克、圆糯米300克、姜末30克、皮丝
（素肉）100克、杏鲍菇160克、花菇10朵、素
火腿80克、地瓜120克、干栗子10颗、水350
毫升、桂竹叶10片、麻竹叶10片、棉绳10条

调味料

A.酱油1/2大匙、盐1/2小匙、
香菇粉1/2小匙、细砂糖少
许、白胡椒粉少许
B.酱油2大匙、盐少许、细砂
糖少许、白胡椒粉少许

做法

1.五谷米洗净后浸泡于冷水中约8小时，捞出沥干水分，备用。

2.圆糯米洗净后沥干水分，浸泡于冷水中约5小时，捞出沥干水分，备用。

3.在蒸笼内铺上棉布，倒入五谷米和圆糯米拌匀，盖上蒸笼盖，以大火蒸煮30~
40分钟，备用。

4.热锅倒入2大匙橄榄油，加入15克姜末爆香，放入150毫升水和所有调味料A煮至
滚沸后熄火，最后加入蒸熟的五谷糯米饭拌匀，备用。

5.皮丝浸泡于冷水中至软化，切小块后氽烫约5分钟，捞出沥干水分；杏鲍菇、素
火腿切块；花菇浸泡于冷水中至软化，备用。

6.地瓜去皮切小块，入油锅炸至上色且熟透；干栗子浸泡于冷水中至软化，放入电
锅蒸熟，备用。

7.热锅倒入橄榄油，放入素火腿块炒香后取出备用，以锅中余油爆香15克姜末，加
入杏鲍菇块、花菇炒香，再加入皮丝块、栗子、200毫升水以及所有调味料B煮
至滚沸，再改小火煮至汤汁收干，备用。

8.取桂竹叶和麻竹叶，修剪头尾后泡入热水中洗净，捞出拭干备用。

9.各取1张桂竹叶和麻竹叶，相叠并折成锥状，放入少许五谷糯米饭，加入地瓜
块、鲍菇块、花菇、皮丝块、素火腿块以及栗子，再盖上五谷糯米饭，并把肉粽
包成立体三角形，中间用绵绳系住；依序包完10个粽子，再将包好的粽子放入水
已滚沸的蒸笼，以大火蒸约20分钟即可。

187 鲜虾杂粮饭团

材料

五谷米 ………… 100克
白米 ………… 50克
水 ………… 200毫升
肉松 ………… 适量
鲜虾 ………… 6只
海苔片 ………… 适量

调味料

细砂糖 ………… 1/2大匙
寿司醋 ………… 1/2大匙

做法

1. 五谷米洗净后于冷水中浸泡6~8小时，捞出沥干水分，备用。
2. 白米洗净沥干水分，加入五谷米和水拌匀，放入电子锅中蒸熟即为五谷饭，备用。
3. 将刚煮好的五谷饭加入所有调味料拌匀，备用。
4. 鲜虾从虾背以牙签挑出肠泥，放入滚沸的水余烫至熟，捞出沥干水分后去壳，备用。
5. 取五谷饭均分为6等份，依序包入肉松和虾仁，整理成三角形后贴上海苔片即可。

养生也能好美味

新鲜的虾在余烫前要先从虾壳缝中以牙签挑出肠泥，因为熟虾的肠泥不好去；此外，虾带壳余烫可以避免其甜度流失，虽然处理过程比较繁复，但只有这样才能彻底展现食材的好滋味。

188 五谷黑豆饭团

* 材料 *

五谷米 ·············· 1杯
白米 ················ 3杯
黑豆 ················ 50克
水 ················· 4杯
海苔 ················ 8片

* 调味料 *

味醂 ················ 1小匙

* 做法 *

1. 黑豆、五谷米洗净，泡水约3小时后沥干；白米洗净沥干，放置30~60分钟，备用。
2. 将所有做法1的材料，加入水、味醂混合，放入电锅中煮熟成炊饭，备用。
3. 取出煮熟的炊饭，充分搅拌均匀，再取适量捏紧成饭团，可依喜好分别包成不同形状的数颗，再裹上海苔即可。

189 腰果米糕

* 材料 *

长糯米 ·············· 1杯
红葱头片 ··········· 20克
腰果 ··············· 20克
干香菇 ············· 2朵
油 ················· 3小匙
水 ················· 3/4杯

* 调味料 *

酱油 ··············· 2小匙
糖 ················· 1/2小匙
白胡椒粉 ··········· 1/4小匙

* 做法 *

1. 长糯米洗净，泡水4小时，沥干备用。
2. 干香菇泡发后洗净、切片；腰果洗净，浸水2~3小时，备用。
3. 热锅，倒入油，爆香红葱头片，放入干香菇片、腰果与长糯米炒香，再加酱油、糖、白胡椒粉，拌炒均匀后移入电锅内锅，加入3/4杯水，于外锅放1杯水（分量外），煮至开关跳起，再焖约5分钟即可。

养生也能好美味

坚果类是种子，自然含有多元的营养成分，如必需脂肪酸、维生素E，不但有助人体生长发育，更可以抗氧化，并有助于延缓老化。

190 紫米桂圆糕

＊材料＊

黑糯米 …………1/2杯
长糯米 …………1/2杯
桂圆 ……………15颗
枸杞子 ………… 5克
水 ……………600毫升

＊调味料＊

黑糖 ……………4大匙

＊做法＊

1. 将黑糯米和白糯米分别洗净，黑糯米浸泡8~10小时；长糯米洗净浸泡1~2小时。
2. 桂圆略洗净；枸杞子洗净，备用。
3. 将做法1、做法2的材料和水放入电锅内锅中混合拌匀，再将内锅放入电锅，于外锅加入约1杯水，盖上锅盖、按下开关。
4. 煮至开关跳起后，将黑糖趁热加入其中翻搅均匀，即为紫米桂圆糕，待冷却后切块食用即可。

养生也能好美味

紫米也称作黑糯米，在古代经常被视为进贡的珍品，食之有助于补血定神，产妇多吃可以加速恢复体力，搭配桂圆更加滋补。

海苔五谷寿司

紫米豆皮寿司

191 紫米豆皮寿司

＊材料＊

紫米 ·············· 125克
寿司米 ············ 125克
水 ················ 220毫升
寿司豆皮 ·········· 12个
熟白芝麻 ·········· 少许

＊调味料＊

寿司醋 ············· 1大匙
细砂糖 ············· 1大匙

＊做法＊

1. 紫米洗净后于冷水中浸泡6~8小时，捞出沥干水分，备用。
2. 寿司米洗净后沥干水分，加入紫米和水拌匀后放入电子锅蒸熟，熟透时趁热加入所有调味料拌匀成紫米寿司饭，备用。
3. 将紫米寿司饭装入寿司豆皮中，再撒上熟白芝麻即可。

192 海苔五谷寿司

＊材料＊

五谷米125克、寿司米125克、水220毫升、海苔片2片、蟹肉条4根、胡萝卜条2条、小黄瓜2条、鸡蛋1个

＊调味料＊

A. 寿司醋1大匙、细砂糖1/2大匙
B. 细砂糖少许、盐少许

＊做法＊

1. 五谷米洗净后于冷水中浸泡6~8小时，捞出沥干水分，备用。
2. 寿司米洗净后沥干水分，加入五谷米和水拌匀后放入电子锅蒸熟，熟透时趁热加入所有调味料A拌匀成五谷寿司饭，备用。
3. 煮一锅滚沸的水，依序放入蟹肉条和胡萝卜条余烫至熟，捞出沥干水分；小黄瓜条洗净并拭干水分，以少许盐和细砂糖抓匀腌渍，备用。
4. 鸡蛋打散成蛋液；热锅加入少许橄榄油，倒入蛋液煎至半熟，折成厚煎蛋状，备用。
5. 将海苔片光滑的一面朝下，铺在寿司卷帘上，均匀平铺一层五谷寿司饭（前端预留约1.5厘米），再将蟹肉条、胡萝卜条、小黄瓜条以及厚煎蛋排放在五谷寿司饭上，卷成寿司卷状，食用前切片即可。

193 什锦燕麦炒饭

材料

燕麦饭250克（做法参考P132）、虾仁30克、猪瘦肉40克、洋葱25克、黑木耳15克、红甜椒20克、黄甜椒20克、豌豆10克

调味料

盐1/4小匙、鸡粉少许、淡酱油少许

做法

1. 虾仁去肠泥后洗净、切小丁；猪瘦肉、黑木耳洗净切小丁，备用。
2. 洋葱洗净去皮后切小丁；红甜椒、黄甜椒洗净去籽切小丁，备用。
3. 热锅放入少许橄榄油，加入洋葱丁爆香，放入猪瘦肉丁拌炒至颜色变白，再加入虾仁丁拌炒均匀至入味，备用。
4. 锅中加入燕麦饭、黑木耳丁、豌豆以及红甜椒丁、黄甜椒丁拌炒均匀，再加入所有调味料拌匀即可。

养生也能好美味

燕麦含有丰富的B族维生素，并含多种微量矿物质，同时是脂肪含量最高的谷类。其中，燕麦所含的丰富的膳食纤维更具有整肠、调节肠内菌、帮助消化等作用。燕麦常被加工制作成燕麦片、干燥谷片等，本道食谱中使用的是未经压制的燕麦，烹调前需洗净沥干水分，浸泡于冷水中6~8小时，加水量约为1杯燕麦中加入1.2~1.5杯水。

194 五彩石锅拌饭

* 材料 *

糙米饭280克（做法参考P124）、猪肉泥60克、干海带芽2克、蒜泥10克、洋葱花10克、韩式泡菜适量、豆芽菜适量、杏鲍菇适量、红甜椒适量、黄甜椒适量、熟白芝麻适量

* 调味料 *

A.酱油1小匙、细砂糖少许、辣椒酱1/2小匙
B.鸡粉适量、盐适量

* 做法 *

1.豆芽菜洗净；杏鲍菇洗净切片；红甜椒、黄甜椒洗净去籽切条，备用。
2.热锅放入少许香油，加入蒜泥和洋葱花爆香，放入猪肉泥拌炒至颜色变白，加入调味料A拌炒均匀至入味，备用。
3.将干海带芽和做法1所有食材依序汆烫后捞出，沥干水分再加入适量调味料B拌匀，海带芽中另撒入熟白芝麻拌匀，备用。
4.于石锅内抹上少许香油，移至瓦斯炉上以小火加热后，盛入糙米饭，备用。
5.在糙米饭上依序摆入猪肉泥、韩式泡菜、以及做法3的所有食材，食用时拌匀即可。

注：亦可加入一颗生鸡蛋，拌匀食用口味更好。

195 海鲜五谷焗饭

＊材料＊

五谷饭250克（做法参考P121）、鱿鱼40克、虾仁40克、蟹脚肉40克、鲜香菇1朵、蒜泥5克、洋葱花10克、奶油10克、奶酪丝适量

＊调味料＊

A.鲜奶油1大匙、盐少许、白胡椒粉少许

B.巴西里末少许、奶酪粉适量

＊做法＊

1. 鱿鱼清除内脏后洗净切片；虾仁去肠泥后洗净；蟹脚肉洗净；鲜香菇洗净切小片，备用。

2. 煮一锅滚沸的水，放入鱿鱼片、虾仁以及蟹脚肉汆烫一下，捞出沥干水分，备用。

3. 热锅放入奶油，加入蒜泥和洋葱花爆香，再放入鲜香菇片拌炒均匀，最后放入鱿鱼片、虾仁、蟹脚肉以及所有调味料A拌炒均匀。

4. 锅中加入五谷饭和少许奶酪丝拌炒均匀，盛入烤盘中后撒上适量奶酪丝，放入已预热的烤箱，以上火、下火皆230℃的温度烤约5分钟，至奶酪丝融化且上色后取出，再撒上巴西里末和奶酪粉即可。

196 绿豆仁海鲜烤饭

＊材料＊

绿豆仁	200克
鲜虾	6尾
小章鱼	8只
蛤蜊	6颗
小干贝	6颗
红甜椒丁	1/4小匙
四季豆丁	1/4小匙
洋葱花	1/4小匙

＊调味料＊

盐	1/4小匙
白胡椒粉	1/4小匙
米酒	1大匙
水	200毫升

＊做法＊

1. 绿豆仁泡水约30分钟，捞出沥干备用。

2. 平底锅烧热，放入少许油，炒香洋葱花，加入绿豆仁和水，以小火煮约8分钟。

3. 平底锅内放上鲜虾、小章鱼、蛤蜊、小干贝和红甜椒丁，放入预热的烤箱，以150℃的温度烤约10分钟至熟，再撒上烫熟的四季豆丁即可。

养生也能好美味

绿豆仁是绿豆脱壳而制成的，颜色鲜艳又富含营养，在做异国料理的烤饭时，可拿来代替米饭作为主食。

197 小米粥

材料
小米·············· 100克
麦片·············· 50克
水·············· 1200毫升

调味料
冰糖·············· 80克

做法
1. 小米洗净，泡水约1小时后沥干水备用。
2. 麦片洗净，沥干水备用。
3. 将小米、麦片放入电锅内锅中，加入水拌匀，外锅加入1杯水煮至开关跳起，继续焖约5分钟，再加入冰糖调味即可。

养生也能好美味

如果是即食麦片，最好在小米煮好后再加入，外锅重新加少许水继续焖煮一下就好；如果一开始就加入即食麦片，口感会更软、更糊一点。

198 黑糖小米粥

材料
小米·············· 150克
麦片·············· 60克
枸杞子·············· 少许
水·············· 2000毫升

调味料
黑糖·············· 120克

做法
1. 小米洗净，沥干水分，在冷水中浸泡约1小时后捞出沥干备用。。
2. 麦片洗净沥干水分；枸杞子洗净沥干水分，备用。
3. 取一深锅，加入水和小米，以大火煮至滚沸后转小火煮约10分钟，再加入麦片煮约10分钟，最后加入黑糖和枸杞子拌煮约2分钟即可。

小米咸粥 小米南瓜粥

地瓜小薏米粥 燕麦海鲜粥

199 小米咸粥

材料
小米 ……………… 100克
燕麦片 …………… 50克
干银耳 …………… 5克
干黑木耳 ………… 5克
猪瘦肉丁 ………… 60克
水 ………………… 1200毫升
姜片 ……………… 10克
芹菜末 …………… 10克

调味料
鸡粉 ……………… 1/4小匙
盐 ………………… 1/4小匙

做法
1. 小米洗净后于冷水中浸泡约30分钟，捞出沥干水分；燕麦片洗净后沥干水分，备用。
2. 干黑木耳、银耳浸泡于冷水中至软化，捞出去蒂头后切小片；猪瘦肉丁放入滚沸的水中汆烫后捞出，备用。
3. 取一汤锅，放入小米、姜片和水煮至滚沸，放入燕麦片和做法2所有食材，再次煮至滚沸后改小火，盖上锅盖焖煮约20分钟，再加入所有调味料拌匀，撒上芹菜末即可。

200 小米南瓜粥

材料
小米 ……………… 50克
圆糯米 …………… 50克
水 ………………… 800毫升
南瓜 ……………… 60克
南瓜子 …………… 50克

调味料
细砂糖 …………… 150克

做法
1. 南瓜去皮，切丁备用。
2. 小米及圆糯米洗净后与水、南瓜丁一起放入内锅中，盖上电子锅盖，按下开关选择"煮粥"功能后，按下"开始键"。
3. 煮至开关跳起后，打开电子锅盖，加入细砂糖拌匀，盛入碗中撒上南瓜子即可。

201 地瓜小薏米粥

材料
小薏米 …………… 150克
绿豆 ……………… 30克
红地瓜 …………… 100克
黄地瓜 …………… 100克
水 ………………… 1200毫升

调味料
冰糖 ……………… 35克

做法
1. 小薏米、绿豆洗净后于冷水中浸泡约1小时，捞出沥干水分，备用。
2. 红地瓜、黄地瓜去皮后洗净，切丁备用。
3. 取一汤锅，加入小薏米、绿豆以及水，煮至滚沸后改小火，盖上锅盖焖煮约15分钟，加入红地瓜丁、黄地瓜丁继续煮约10分钟。
4. 锅中加入冰糖拌匀，煮约5分钟即可。

202 燕麦海鲜粥

材料
什锦燕麦片 …… 100克
鱿鱼 ……………… 40克
虾仁 ……………… 40克
洋葱花 …………… 15克
蒜泥 ……………… 5克
奶油 ……………… 10克
高汤 ……………… 1000毫升
巴西里末 ………… 少许

调味料
鲜奶油 …………… 1大匙
盐 ………………… 1/4小匙
黑糊椒粒 ………… 少许

做法
1. 什锦燕麦片洗净后沥干水分，备用。
2. 鱿鱼清除内脏后洗净切圈；虾仁去肠泥后洗净，备用。
3. 煮一锅滚沸的水，放入鱿鱼圈和虾仁汆烫一下，捞出沥干水分，备用。
4. 热锅放入奶油，加入蒜泥和洋葱花爆香后倒入高汤，加入什锦燕麦片煮至滚沸，改小火盖上锅盖煮约20分钟，放入鱿鱼圈、虾仁以及所有调味料拌匀，再次煮至滚沸，食用前撒上少许巴西里末即可。

203 排骨燕麦粥

材料

		调味料	
什锦燕麦	150克	盐	1小匙
排骨	500克	鸡粉	1/2小匙
上海青	50克	料理米酒	1大匙
姜片	2片		
市售高汤	2300毫升		

做法

1. 将排骨洗净,汆烫至汤汁出现大量灰褐色浮沫,倒除汤汁再次洗净;上海青洗净,切小段备用。
2. 将排骨放入电锅中,加入市售高汤、姜片和什锦燕麦拌匀后,外锅加1杯水煮至开关跳起,继续焖约5分钟,开盖加入上海青拌匀,再以调味料调味即可。

204 桂圆燕麦粥

材料

		调味料	
燕麦	100克	冰糖	120克
糯米	20克	料理米酒	少许
白米	100克		
桂圆	40克		
水	2500毫升		

做法

1. 燕麦洗净,泡水约3小时后沥干水分备用。
2. 糯米和白米一起洗净,沥干水分备用。
3. 将燕麦、糯米、白米放入汤锅中,加水开中火煮至滚沸,稍微搅拌后改转小火加盖熬煮约15分钟,再加入桂圆及调味料煮至再次滚沸即可。

205 燕麦甜粥

材料

		调味料	
什锦燕麦片	150克	冰糖	80克
葡萄干	30克		
蔓越莓干丁	30克		
水	1500毫升		

做法

1. 将葡萄干、蔓越莓干丁一起洗净,沥干水分备用。
2. 什锦燕麦片洗净,沥干水分备用。
3. 将什锦燕麦片放入电锅内锅中,加入水拌匀,外锅加入1杯水煮至开关跳起,继续焖约5分钟,最后加入做法1的材料和冰糖拌匀即可。

206 紫米桂圆粥

＊材料＊

紫米⋯⋯⋯⋯⋯150克
圆糯米⋯⋯⋯⋯100克
桂圆⋯⋯⋯⋯⋯⋯50克
米酒⋯⋯⋯⋯⋯30毫升
水⋯⋯⋯⋯⋯2500毫升

＊调味料＊

冰糖⋯⋯⋯⋯⋯100克

＊做法＊

1. 桂圆肉洗净，沥干水分，
   加入米酒抓拌均匀，
   备用。
2. 圆糯米洗净后
   泡入冷水中
   浸泡约2小时、紫米
   洗净后在冷水中浸泡约5小
   时，捞出沥干水分备用。
3. 取一深锅，加入水和圆糯米、紫米，以
   大火煮至滚沸后转小火煮约30分钟，再
   加入桂圆煮约15分钟，倒入冰糖搅拌至
   冰糖溶解即可。

十谷米粥　红豆荞麦粥

红豆红白薏米粥　薏米美白粥

207 十谷米粥

材料

十谷米 ·············· 150克
白米 ················· 50克
水 ·············· 2000毫升

调味料

黑糖 ················· 20克
细砂糖 ············· 100克

做法

1.十谷米洗净，泡水约6小时后沥干水备用。
2.白米洗净并沥干水备用。
3.将十谷米、白米一起放入砂锅中，倒入水拌匀，以中火煮至沸腾后转小火加盖熬煮约30分钟至熟软，熄火继续焖约5分钟，最后加入调味料调味即可。

208 红豆荞麦粥

材料

荞麦 ················· 80克
白米 ················· 50克
红豆 ················· 100克
水 ·············· 2500毫升

调味料

白砂糖 ············· 120克

做法

1.荞麦洗净，泡水约3小时后沥干水分备用。
2.红豆洗净，泡水约6小时后沥干水分备用。
3.白米洗净并沥干水分备用。
4.将荞麦、红豆放入电锅内锅中，加入水拌匀，外锅加入1杯水煮至开关跳起，继续焖约5分钟，然后加入白米拌匀，外锅再次加入1杯水煮至开关跳起，再焖约5分钟，加入白砂糖拌匀即可。

209 红豆红白薏米粥

材料

白薏米 ·············· 40克
红薏米 ·············· 40克
红豆 ················· 120克
白米 ·················· 30克
水 ·············· 2500毫升

调味料

冰糖 ················· 120克

做法

1.白薏米、红薏米和红豆一起洗净，泡水约6小时后沥干水分备用。
2.白米洗净，沥干水分备用。
3.汤锅中倒入水，以中火煮至沸腾，放入做法1材料再次煮至沸腾，改小火加盖焖煮约30分钟，再加入白米拌匀煮沸，改小火拌煮至米粒熟透且稍微浓稠，最后加入冰糖调味即可。

210 薏米美白粥

材料

薏米 ················· 110克
紫山药 ·············· 220克
瘦猪肉 ··············· 75克
水 ··················· 12杯
白米 ················· 1/2杯

调味料

盐 ···················· 少许
鸡粉 ················· 少许

做法

1.薏米以冷水泡2小时后沥干水分；紫山药洗净，削去外皮，切成大丁；瘦猪肉洗净，切丁备用。
2.取一深锅，加入12杯水，以大火煮沸后转小火，加入白米及薏米煮50分钟，再加入紫山药、瘦猪肉继续煮10分钟，最后加入调味料拌匀即可。

211 薏米小米安神粥

材料

A.茯神	10克	B.薏米	30克
柏子仁	10克	小米	20克
甘草	3片	米饭	25克
半夏	10克	山药丁	50克
		滚水	1000毫升
		米酒	5毫升

做法

1. 小米、薏米洗净，泡水约2小时。
2. 取1000毫升沸水将材料A煮10~20分钟至再次沸腾，再捞除药材。
3. 将做法1的材料、做法2的水一起放入电锅内锅中，外锅加入2杯水，煮至开关跳起。
4. 将内锅置于瓦斯炉上，放入米饭和山药丁拌匀，以小火焖煮至米饭成粥状，起锅前放入米酒拌匀即可。

养生也能好美味

柏子仁、茯神、半夏都是调养心神的温补药材，产后心神不宁有郁闷感的人，可把此粥当主食亦可当点心食用。

212 花生薏米小米粥

材料

花生	60克
薏米	100克
小米	100克
水	400毫升

调味料

冰糖	1大匙

做法

1. 花生、薏米、小米洗净后，泡水约2小时，备用。
2. 将做法1的材料和水放入内锅中，再将内锅放入电锅，于外锅加入1/2杯水，盖上锅盖、按下开关，待开关跳起后再加入冰糖拌匀调味，焖5~10分钟即可。

养生也能好美味

花生富含蛋白质、卵磷脂、矿物质，是理想的营养食材；花生仁外的皮膜含有抗氧化的成分，对于改善末梢循环有一定的帮助。

213 八宝粥

* 材料 *

A.圆糯米30克、红豆30克、薏米30克、花生仁20克、桂圆肉30克、花豆20克、雪莲子20克、珍珠薏米30克、米酒80毫升、水850毫升
B.白术10克、党参10克、芡实20克

* 调味料 *

冰糖2大匙

养生也能好美味

八宝粥内含有多种谷类，红豆、花豆、薏米都具有帮助水分代谢、缓和调理、美颜活肤的作用，适量补充可达养生保健之效。

* 做法 *

1. 圆糯米洗净沥干；所有材料B略洗净沥干，备用。
2. 红豆、薏米、花生仁、花豆、雪莲子和珍珠薏米洗净后浸泡3~5小时，再沥干备用。
3. 桂圆肉略洗净后，以米酒浸泡约30分钟备用。
4. 将做法1、做法2的材料和水放入电锅内锅中，再放入电锅，于外锅加入2杯水，盖上锅盖，煮至开关跳起后焖约5分钟。
5. 内锅中加入桂圆肉（连米酒），外锅再加1杯水，盖上锅盖，继续煮至开关跳起后加入冰糖拌匀，食用时挑除芡实以外的中药即可。

高纤五谷杂粮

养生杂粮饭粥

214 糙米蔬菜卷

材料

糙米饭 …………60克
（做法参考P124）
苹果 ………………1个
生菜叶 ……………4片
苜蓿芽 ……………适量
小豆苗 ……………适量
圆白菜丝 …………适量
胡萝卜丝 …………适量
荞麦春卷皮 ………2张
美奶滋 ……………适量

做法

1. 苹果洗净去籽、切丝；生菜叶、苜蓿芽、小豆苗洗净，沥干水分，备用。
2. 将荞麦春卷皮对切，铺上一张生菜叶，再挤入少许美奶滋，备用。
3. 继续依序铺上苹果丝、苜蓿芽、小豆苗、圆白菜丝以及胡萝卜丝，然后将荞麦春卷皮两侧回折交叠，卷成圆锥状，再撒上少许糙米饭即可。

215 五谷蔬菜蛋卷

* 材料 *

五谷饭 ……………… 50克
（做法参考P121）
胡萝卜丝 …………… 5克
洋葱丝 ……………… 5克
小黄瓜丝 …………… 5克
鸡蛋 ………………… 2个

* 调味料 *

盐 ………………… 1/4小匙

* 做法 *

1. 先取一容器，将鸡蛋打入后打散，并加入盐混合打匀成蛋液。
2. 取一平底锅加热，倒入少许油，待油温还未上升时将蛋液倒入，煎成薄薄的蛋皮。
3. 将五谷饭、胡萝卜丝、小黄瓜丝与洋葱丝平铺在蛋皮上，小心卷起后切块即可。

养生也能好美味

用热锅冷油的煎法，蛋皮较不容易破掉，或者直接用不沾锅也可以。此外，在蛋液中加入少许淀粉拌匀，也可减少蛋皮破裂的几率。

216 米豆烧肉泥

* 材料 *

米豆 ………………… 50克
猪肉泥 ……………… 150克
干海带芽 …………… 2克
蒜泥 ………………… 5克
橄榄油 ……………… 1大匙
水 …………………… 300毫升

* 调味料 *

淡酱油 ……………… 40克
味酥 ………………… 30克
米酒 ………………… 1小匙
盐 …………………… 少许

* 做法 *

1. 米豆洗净后于冷水中浸泡约5小时，捞出沥干水分，备用。
2. 热锅放入橄榄油后加入蒜泥爆香，放入猪肉泥炒散至颜色变白，倒入淡酱油炒香，再加入其余调味料拌匀。
3. 锅中加入米豆和水煮至滚沸，盖上锅盖改小火焖煮约20分钟，加入干海带芽烧煮至入味即可。

217 双豆炖肉

＊材料＊

花豆 ·················· 40克
黄豆 ·················· 40克
猪瘦肉 ············· 300克
洋葱 ·················· 30克
热水 ············· 700毫升

＊调味料＊

酱油 ·················· 10克
盐 ················· 1/2小匙
细砂糖 ··········· 1/4小匙
米酒 ················· 少许

＊做法＊

1. 洋葱去皮切小片；猪瘦肉洗净切块，备用。

2. 花豆、黄豆洗净，各自于冷水中浸泡6~8小时，捞出沥干水分，备用。

3. 煮一锅滚沸的水，依序放入猪瘦肉块、花豆、黄豆汆烫后捞出，沥干水分备用。

4. 取一砂锅，加入热水、洋葱片以及做法2所有食材拌匀，煮至滚沸后盖上锅盖，改小火煮约40分钟后熄火，打开锅盖加入所有调味料拌匀，再盖上锅盖焖约15分钟即可。

218 小米菠菜

＊材料＊

小米	40克
菠菜	200克

＊调味料＊

盐	少许
鸡粉	少许
香油	少许
蒜泥	少许

＊做法＊

1. 小米洗净后于冷水中浸泡约1小时，捞出沥干水分，备用。
2. 煮一锅滚沸的水，放入小米煮约15分钟，至米芯熟透后捞出，沥干水分备用。
3. 菠菜洗净切小段；另煮一锅滚沸的水，放入菠菜段氽烫一下，捞出沥干水分，备用。
4. 将菠菜加入小米和所有调味料拌匀即可。

219 糙米珍珠丸

＊材料＊

糙米	100克
猪肉泥	150克
荸荠	30克
葱花	10克
蒜泥	5克
淀粉	适量
香菜叶	适量

＊调味料＊

酱油	1/2小匙
细砂糖	少许
盐	少许
白胡椒粉	少许
米酒	少许

＊做法＊

1. 糙米洗净后于冷水中浸泡6~8小时，捞出沥干水分，备用。
2. 荸荠去皮洗净，拍扁剁碎，备用。
3. 猪肉泥加入所有调味料拌匀，再加入荸荠碎、葱花、蒜泥以及淀粉搅拌至有粘性即成馅料，备用。
4. 将馅料捏成小丸子状，沾上糙米，放入水已煮沸的蒸笼中，以大火蒸约20分钟，取出后放上香菜叶作装饰即可。

220 酥炸紫米鸡肉丸

＊材料＊

紫米100克、长糯米100克、水180毫升、鸡胸肉100克、胡萝卜丁适量

＊炸衣＊

低筋面粉适量、蛋液适量、面包粉适量

＊调味料＊

盐少许、细砂糖少许、白胡椒粉少许、米酒1/2小匙、淀粉少许

＊做法＊

1. 紫米洗净后于冷水中浸泡6~8小时，捞出沥干水分；胡萝卜丁汆烫约1分钟，捞出沥干水分，备用。
2. 长糯米洗净后沥干水分，加入紫米和水拌匀后放入电子锅蒸熟，备用。
3. 将鸡胸肉剁成泥，加入所有调味料搅拌均匀至有粘性，取适量包入胡萝卜丁，捏成球状移至蒸笼蒸熟，备用。
4. 取鸡肉丸沾上适量紫米饭，整成球状，依序沾裹低筋面粉、蛋液以及面包粉即成紫米鸡肉丸。
5. 热油锅至油温约150℃，放入紫米鸡肉丸，炸至外表金黄酥脆即可。

221 杂粮豆腐汉堡排

＊材料＊

猪肉泥	150克
五谷饭	150克
（做法参考P121）	
老豆腐	120克
洋葱	40克
胡萝卜	15克
淀粉	适量

＊调味料＊

酱油	少许
盐	1/4小匙
白胡椒粉	少许
鸡粉	少许

＊做法＊

1. 洋葱和胡萝卜去皮洗净后切末，备用。
2. 猪肉泥剁至有粘性；老豆腐捏碎，备用。
3. 将猪肉泥和老豆腐碎一起放入大碗中，加入五谷饭、洋葱末、胡萝卜末、淀粉以及所有调味料，搅拌均匀后分割为适当大小，再整成汉堡排状，备用。
4. 热平底锅后倒入适量橄榄油，放入汉堡排以中火煎至定型后翻面，改小火煎至两面上色且熟透即可。

222 杂粮豆渣煎饼

＊材料＊

A.五谷饭………200克
（做法参考P121）
豆渣……………60克
B.胡萝卜………20克
圆白菜…………25克
洋葱……………25克
西芹……………20克
C.低筋面粉……30克
淀粉………………5克
蛋液……………20克
水……………60毫升

＊调味料＊

A.盐……………1/4小匙
胡椒粉………1/4小匙
鸡粉……………少许
B.美奶滋…………适量
柴鱼粉…………适量
海苔粉…………适量

＊做法＊

1.热锅倒入少许橄榄油，放入豆渣炒至香味四溢，起锅备用。
2.将所有材料B洗净，切成细丝备用。
3.低筋面粉过筛，加入其余材料C拌匀成面糊，备用。
4.将所有蔬菜丝加入豆渣、五谷饭、面糊以及所有调味料A拌匀成煎饼面糊，备用。
5.热平底锅后加入适量橄榄油，倒入煎饼面糊，以中火煎至定型后翻面，再以小火煎至熟透且两面微焦，起锅盛盘后挤上美奶滋，再撒上适量柴鱼粉和海苔粉即可。

223 杂粮烘蛋

＊材料＊

熟荞麦30克、熟薏米50克、鸡蛋3个、鸭儿芹适量、玉米粒适量、红甜椒丝适量、柳松菇适量

＊调味料＊

盐1/4小匙、米酒1小匙、白胡椒粉少许

＊做法＊

1. 鸭儿芹洗净去梗；红甜椒去籽洗净后切丝，备用。
2. 柳松菇洗净，放入滚沸的水中汆烫约1分钟，捞出沥干水分，备用。
3. 鸡蛋打散成蛋液，加入所有调味料、熟薏米以及熟荞麦拌匀，备用。
4. 热锅倒入2大匙橄榄油，倒入蛋液搅拌一下，再撒入玉米粒、鸭儿芹叶、红甜椒丝以及柳松菇，盖上锅盖改小火煎约3分钟即可。

养生也能好美味

烹调薏米前需将薏米洗净沥干水分，于冷水中浸泡约6小时；荞麦则需于冷水中浸泡约3小时。烹煮时可在蒸笼铺上棉布，再平铺上薏米和荞麦蒸煮约30分钟即可。

224 五谷镶香菇

＊材料＊

五谷饭150克（做法参考P121）、干香菇10朵、荸荠丁15克、西芹丁10克、胡萝卜丁15克

＊调味料＊

A.水200毫升、酱油1大匙、细砂糖1/4小匙、香油1/4小匙

B.盐少许、细砂糖少许、白胡椒粉少许、香油少许

＊做法＊

1. 干香菇洗净，倒入调味料A中的水浸泡至软化，再加入其余调味料A拌匀，放入水已煮至滚沸的蒸笼，以大火蒸约15分钟，静置至冷却后捞出香菇，沥干水分备用。
2. 胡萝卜丁汆烫约1分钟，捞出沥干水分后备用。
3. 五谷饭加入荸荠丁、西芹丁、胡萝卜丁以及所有调味料B拌匀，备用。
4. 取香菇，去蒂头后填入五谷饭，放入水已煮沸的蒸笼，以大火蒸约3分钟即可。

养生也能好美味

做法1中将干香菇与浸泡的水、调味料一起蒸煮，可以让香菇更具香气且入味；而做法4中将镶好五谷饭的香菇再放入蒸笼蒸煮，可以融合两者的风味，让成品更美味。

225 粗粮山珍

＊材料＊

十谷米 …………… 180克
黄豆 ……………… 60克
菠菜 ……………… 100克
土鸡 ……………… 1/2只
（约800~1000克）

＊调味料＊

盐 ……………… 10克
高汤 ………… 1300毫升

＊做法＊

1. 把十谷米、黄豆分别洗净并浸泡4小时，期间约每小时换一次水。
2. 菠菜洗净后，去根部，再切成段。
3. 把土鸡洗净后与所有调味料、十谷米、黄豆一起放入电锅内锅，外锅放1.5杯水，按下开关煮至土鸡熟透且十谷米、黄豆柔软，开盖，加入菠菜略焖至熟即可。

养生也能好美味

忙碌的上班族使用电锅煮餐是再方便不过了，若是能在使用电锅煮好材料后，移往瓦斯炉上再煮个3~5分钟，就更能突显菜色的风味。这项小秘诀适用于每一道利用电锅炖煮的菜式哦！

163

226 杂粮可乐饼

＊材料＊

五谷饭 ············· 200克
（做法参考P121）
土豆 ··············· 180克
鸡胸肉 ············· 100克
洋葱花 ·············· 30克
蒜泥 ················ 10克
玉米粒 ·············· 40克
奶油 ················ 10克

＊调味料＊

盐 ·················· 1/4小匙
白胡椒粉 ············· 少许
细砂糖 ··············· 少许

＊炸衣＊

蛋液 ················· 适量
低筋面粉 ············· 适量
面包粉 ··············· 适量

＊做法＊

1. 鸡胸肉洗净后剁碎；土豆去皮洗净后切薄片，放入蒸笼蒸至熟透后，取出趁热压碎，备用。

2. 热锅放入奶油，加入蒜泥和洋葱花爆香，再放入鸡胸肉碎拌炒至熟透，熄火后加入所有调味料拌匀，取出放入大碗中备用。

3. 在大碗中加入土豆碎、玉米粒以及五谷饭搅拌均匀，分割为适当大小后整成可乐饼状，依序沾上低筋面粉、蛋液以及面包粉，备用。

4. 热油锅至油温约160℃，放入可乐饼炸至外表金黄酥脆即可。

227　粒粒香松

材料		*调味料*	
松子	40克	糖	10克
核桃	40克	盐	6克
黑芝麻	40克		
白芝麻	40克		
鲜虾	150克		
生菜	45克		
紫甘蓝	45克		
豌豆苗	45克		
荷叶夹	数片		

做法

1. 热锅，将松子、核桃、黑芝麻、白芝麻干炒至香味散出，起锅，全部磨成粗碎状，再加入所有调味料拌匀；生菜、紫甘蓝、豌豆苗洗净，放入沸水中略氽烫备用。
2. 用竹串把鲜虾串直备用。
3. 取一汤锅，放入约1/2锅的水量煮至滚沸，锅中加入少许盐后，放入鲜虾煮熟(虾壳变红色)后起锅，待凉后取出竹串，剥去虾壳。
4. 取一片荷叶夹放在手中，包入适量的做法1材料及鲜虾一同食用即可（重复此动作至材料用毕）。

228　燕麦丸子

材料		*调味料*	
燕麦片	200克	酱油	1/2小匙
猪肉泥	300克	白胡椒粉	1/4小匙
葱花	5克		

做法

1. 将所有材料混匀，再加入混合的调味料拌匀后，略摔打成肉馅，备用。
2. 将肉馅捏成等份的小圆球即成燕麦丸子。
3. 油锅加热至油温约150℃，再放入燕麦丸子，炸约3分钟至熟即可。

养生也能好美味

在做肉丸的时候，要先摔打至产生粘性，这样入锅烹煮才不会因为粘度不够而散开。

杂粮南瓜沙拉球

荞麦吻仔鱼拌豆腐

229 杂粮南瓜沙拉球

* 材料 *

五谷饭 ·············150克
（做法参考P121）
南瓜 ·············250克
虾仁 ·············6尾
水煮蛋 ·············1个
苜蓿芽 ·············适量

* 调味料 *

美奶滋 ·············适量
盐 ·············少许

* 做法 *

1. 南瓜去皮去籽后切片，蒸熟后取出压成泥，备用。
2. 虾仁去肠泥后洗净，氽烫约1分钟后捞出沥干水分，切小丁备用。
3. 水煮蛋切小丁；苜蓿芽以冷开水洗净，沥干水分后盛盘，备用。
4. 取五谷饭、南瓜泥、虾仁丁、水煮蛋丁以及所有调味料搅拌均匀，挖成球状摆至苜蓿芽上即可。

230 荞麦吻仔鱼拌豆腐

* 材料 *

荞麦 ·············30克
吻仔鱼 ·············50克
蒜泥 ·············10克
葱花 ·············15克
红辣椒丝 ·············5克
盒装嫩豆腐 ·············1盒

* 调味料 *

A.白胡椒粉 ·············少许
淡酱油 ·············1小匙
盐 ·············少许
细砂糖 ·············少许
米酒 ·············1/2小匙
B.柴鱼酱油 ·············适量

* 做法 *

1. 荞麦浸泡于冷水中约3小时至软化，捞出沥干水分，移至水已煮至滚沸的蒸笼中蒸约15分钟，熟透后取出备用。
2. 热油锅至油温约160℃，分次放入荞麦和吻仔鱼，炸至微酥后捞出，沥干油脂，备用。
3. 热锅倒入少许橄榄油，加入蒜泥、红辣椒丝以及葱花爆香，再加入荞麦、吻仔鱼以及所有调味料拌炒均匀入味，起锅静置待凉，备用。
4. 将盒装嫩豆腐盛盘，再摆上荞麦吻仔鱼并淋上少许柴鱼酱油即可。

高纤五谷杂粮

杂粮变化料理

167

什锦燕麦凉拌鸡丁 ｜ 培根杂粮卷

米糕腐皮卷 ｜ 薏米烧卖

231 什锦燕麦凉拌鸡丁

＊材料＊

熟什锦燕麦 ……100克
鸡丁 …………200克
洋葱丁 …………10克
西红柿丁 ………20克
熟豌豆 …………15克

＊调味料＊

橄榄油 ………1/2大匙
盐 …………1/4小匙
白胡椒粉 ……1/4小匙

＊做法＊

1.先将鸡丁放入沸水中烫熟，再捞出沥干，备用。
2.将所有材料混合拌匀，再加入所有调味料拌匀即可。

养生也能好美味

鸡丁在放入沸水中汆烫时，可先于表面均匀地裹些水淀粉，如此口感会更为鲜嫩，吃起来不那么柴。

232 培根杂粮卷

＊材料＊

A.
五谷饭 …………200克
（做法参考P121）
培根肉 …………6片
奶酪丝 …………适量
B.
面粉 ……………1大匙
水 ………………1大匙

＊调味料＊

盐 ………………少许
黑胡椒粉 ………少许

＊做法＊

1.五谷饭趁热拌入所有调味料；材料B调匀成面糊，备用。
2.取适量五谷饭包入少许奶酪丝，捏成椭圆状备用。
3.取一片培根片卷入五谷饭，封口以少许面糊粘紧即成培根杂粮卷，备用。
4.热平底锅，倒入少许橄榄油，放入培根杂粮卷（封口朝下），以小火煎至定型，翻面继续煎至培根熟透上色即可。

233 米糕腐皮卷

＊材料＊

A.圆糯米200克、桂圆肉50克、水180毫升、腐皮2张
B.面粉1大匙、水1大匙

＊调味料＊

白砂糖40克、黑糖20克、米酒1大匙

＊做法＊

1.桂圆肉洗净后沥干水分，淋入米酒抓匀；材料B调匀成面糊，备用。
2.圆糯米洗净后沥干水分，加入水后放入电子锅蒸熟，趁热加入桂圆肉和其余调味料拌匀成桂圆米糕，备用。
3.腐皮切成四等份，每小张包入桂圆米糕卷成条状，封口处沾上面糊粘紧即成米糕腐皮卷，依序包完所有食材，备用。
4.热油锅至油温约100℃，放入米糕腐皮卷，炸至外表金黄酥脆即可。

养生也能好美味

桂圆肉就是龙眼肉，有补血气、安神、防止老化等功能，虽然香甜又好吃，但因不易消化，故一次不适合吃太多。

234 薏米烧卖

＊材料＊

熟薏米 …………80克
猪肉泥 …………150克
葱花 ……………10克
豌豆 ……………适量
馄饨皮 …………适量

＊调味料＊

盐 ………………少许
细砂糖 …………少许
白胡椒粉 ………少许
米酒 ……………少许

＊做法＊

1.猪肉泥加入所有调味料拌匀，再加入葱花搅拌至有粘性，备用。
2.继续加入熟薏米拌匀成内馅，备用。
3.取馄饨皮包入适量内馅，利用左手虎口收口后稍微压平，捏成圆筒状后于上方摆一颗青豆仁，再移至水已煮开的蒸笼，以大火蒸5~6分钟即可。

235 薏米炒虾仁

材料	*调味料*
薏米·········100克	盐·········1/4小匙
鲜虾仁·········200克	白胡椒粉·········1/4小匙
彩色甜椒片·······20克	米酒·········1/2大匙
	淀粉·········1/2小匙

做法

1. 先将薏米洗净，在水中浸泡约20分钟后捞出沥干，再放入电锅蒸熟。
2. 鲜虾仁洗净，挑去沙肠后加入所有的调味料混合拌匀。
3. 热一锅，先将彩色甜椒片放入锅中炒香，再加入煮好的薏米拌炒均匀，接着放入鲜虾仁，以大火快速炒熟且拌炒均匀即可。

养生也能好美味

泡过水后的薏米质地较容易煮熟，故在烹煮时不要煮太久，以免煮过头，导致吃起来的口感软烂湿糊。

236 冬瓜薏米汤

材料	*调味料*
冬瓜·········600克	冰糖·········少许
瘦肉·········150克	米酒·········1大匙
薏米·········60克	盐·········1小匙
姜片·········15克	
冷开水·······1300毫升	

做法

1. 薏米洗净泡水6小时沥干备用。
2. 冬瓜洗净削皮去籽切块；瘦肉洗净，备用。
3. 取电锅内锅，放入薏米、冬瓜、瘦肉、姜片和冷开水，放入电锅，外锅加入1.5杯水，煮至开关跳起后再焖5分钟。
4. 加入所有调味料拌匀，捞出瘦肉，切片后再放回汤中即可。

237 山药薏米炖排骨

＊材料＊

A. 排骨 ············ 600克
　 姜片 ············· 10克
　 水 ········· 1200毫升
B. 山药 ············· 50克
　 薏米 ············· 50克
　 红枣 ············· 10颗

＊调味料＊

盐 ··················· 适量
香油 ················ 适量
米酒 ·············· 1大匙

＊做法＊

1. 将排骨放入沸水中氽烫去血水；薏米泡水60分钟，放入电锅内锅中。
2. 将姜片、山药、红枣、水、米酒放入内锅中，外锅加1杯水，盖上锅盖，按下开关，待开关跳起，再焖10分钟后，加入盐和香油调味即可。

238 薏米红枣排骨汤

＊材料＊

排骨 ············ 200克
薏米 ············· 20克
红枣 ··············· 5颗
姜片 ············· 15克
水 ············· 600毫升

＊调味料＊

盐 ············· 3/4小匙
鸡粉 ········· 1/4小匙
米酒 ··········· 10毫升

＊做法＊

1. 排骨放入沸水中氽烫后与洗净的薏米及红枣一起放入汤锅中，再倒入水及米酒、姜片。
2. 电锅外锅倒入1杯水，放入做法1的汤锅。
3. 按下开关蒸至开关跳起后加入其余调味料调味即可。

239 黄豆薏米炖猪脚

材料		*调味料*	
猪脚	900克	盐	1小匙
黄豆	60克	冰糖	1/4小匙
薏米	60克		
姜片	20克		
水	1600毫升		
米酒	100毫升		

做法

1. 黄豆洗净泡水5小时；薏米洗净泡水1小时备用。
2. 猪脚洗净，放入沸水中汆烫5分钟，捞出冲水后，放入内锅中备用。
3. 在内锅中加入姜片、黄豆、薏米、水和米酒。
4. 将内锅放入电锅内，外锅加入2杯水，待开关跳起后，外锅再加2杯水继续煮，再加入盐和冰糖调味即可。

240 薏米莲子凤爪汤

材料		*调味料*	
A.鸡爪	400克	米酒	20毫升
姜片	10克	盐	1茶匙
水	1000毫升		
B.薏米	50克		
莲子	40克		
红枣	10颗		

做法

1. 鸡爪去爪甲后剁小段放入沸水中汆烫；薏米、莲子泡水60分钟；红枣洗净，备用。
2. 将所有材料、米酒放入电锅内锅中，外锅加1杯水，盖上锅盖，按下开关，待开关跳起，继续焖10分钟后，加入盐调味即可。

241 珍珠薏米

* 材料 *

		* 调味料 *	
珍珠薏米	160克	盐	8克
胡萝卜	55克	香油	8毫升
黑木耳	30克	米酒	8毫升
肉丝	65克	蔬菜高汤	1000毫升

* 做法 *

1. 把珍珠薏米以清水洗至水变清澈时，捞起与清高汤一起放入电锅内锅中，外锅加1杯水煮15~20分钟至软透。
2. 胡萝卜去皮、黑木耳洗净后切成丝备用。
3. 把胡萝卜丝、黑木耳丝及肉丝与其他调味料加入电锅内锅中，外锅加入0.8~1杯水再煮一次即可。

香菇莲子玉米笋　辣味皇帝豆拌肉片

皇帝豆炒鲜虾　鸡片炒皇帝豆

242 香菇莲子玉米笋

* 材料 *

莲子50克、雪莲子30克、玉米笋100克、小黄瓜25克、红甜椒15克、葱15克、花菇3朵、馄饨皮12张、水淀粉少许

* 调味料 *

盐1/4小匙、细砂糖1/4小匙、白胡椒粉少许

* 做法 *

1. 莲子和雪莲子洗净，于冷水中浸泡约3小时至软化，捞出沥干水分，移至水已煮至滚沸的蒸笼中蒸约35分钟，熟透后取出备用。
2. 玉米笋洗净，氽烫至熟后切小块；小黄瓜洗净去头尾并去籽后切小块；红甜椒洗净去籽后切小片；花菇洗净泡软后切小块；葱洗净切小段，备用。
3. 热油锅至油温约150℃，取2片馄饨皮放入小滤网中，压出小碗状，入锅炸至馄饨皮金黄酥脆即成馄饨酥皮，起锅备用。
4. 热锅倒入少许橄榄油，加入葱段和花菇块爆香，加入其余做法2食材、莲子和雪莲子以及所有调味料拌炒均匀至入味，以少许水淀粉勾芡，备用。
5. 将炒好的食材盛入馄饨酥皮中即可。

243 辣味皇帝豆拌肉片

* 材料 *

A. 皇帝豆150克、梅花肉片100克
B. 蒜泥2克、红辣椒末5克、葱花2克

* 调味料 *

酱油1/4小匙、细砂糖1/4小匙、辣椒油1/4小匙、盐1/4小匙

* 腌料 *

米酒1小匙、白胡椒粉1/4小匙、盐1/4小匙、淀粉1/2小匙

* 做法 *

1. 梅花肉片中加入所有腌料，腌约3分钟备用。
2. 将皇帝豆和肉片放入沸水中氽烫后，捞起沥干备用。
3. 将皇帝豆和梅花肉片放入容器中，再放入材料B和所有调味料拌匀即可。

244 皇帝豆炒鲜虾

* 材料 *

皇帝豆 ………… 100克
新鲜虾仁 ……… 200克
蒜片 …………… 2克
红甜椒片 ……… 5克

* 调味料 *

盐 ……………… 1/4小匙
米酒 …………… 1小匙
香油 …………… 1/4小匙

* 腌料 *

米酒 …………… 1大匙
白胡椒粉 ……… 1/4小匙
盐 ……………… 1/4小匙
淀粉 …………… 1小匙

* 做法 *

1. 新鲜虾仁剖背取肠泥，加入所有腌料材料腌约3分钟备用。
2. 将皇帝豆和虾仁放入沸水中氽烫后，捞起沥干备用。
3. 锅烧热，放入少许油，炒香蒜片和红甜椒片，加入做法2的材料、所有调味料，以大火炒匀即可。

245 鸡片炒皇帝豆

* 材料 *

皇帝豆 ………… 200克
鸡胸肉片 ……… 200克
培根 …………… 1片
色拉油 ………… 适量

* 调味料 *

水 ……………… 50毫升
盐 ……………… 少许
糖 ……………… 1/3小匙
鸡粉 …………… 1/3小匙

* 腌料 *

盐 ……………… 少许
米酒 …………… 1大匙
鸡蛋（取一半蛋清）
 ……………… 1个
淀粉 …………… 少许

* 做法 *

1. 鸡胸肉片加入腌料中的盐、米酒拌匀后，加入蛋清拌匀，最后再加入淀粉拌匀，并放入沸水中氽烫后捞起备用。
2. 皇帝豆放入加了少许盐的沸水中氽烫至浮起，捞起后去外皮备用；培根切成2厘米长的段。
3. 热锅，加入适量色拉油后，放入培根段煎至上色，加入皇帝豆拌炒，再加入调味料略煮一下，最后加入鸡胸肉片煮约3分钟即可。

246 雪里红炒皇帝豆

材料

皇帝豆 ………… 200克
雪里红 ………… 100克
红辣椒 ………… 1个

调味料

盐 ………… 适量
香油 ………… 少许

做法

1. 雪里红洗净沥干，切粗末；皇帝豆放入加了少许盐的沸水中氽烫至浮起，捞起后去外皮；红辣椒切圈备用。
2. 热锅，加入适量色拉油后，放入雪里红拌炒，加入红辣椒圈和皇帝豆拌炒均匀，再加入盐调味，起锅前淋上香油即可。

养生也能好美味

皇帝豆又称莱豆，冬春季为盛产期。莱豆在新鲜煮食时风味香甜，存放多日将风味尽失，所以买后立即煮食，风味最佳。

247 皇帝豆水果沙拉

材料

皇帝豆 ………… 100克
苹果 ………… 1个
橘子 ………… 1/2个
草莓 ………… 2颗
蔓越莓 ………… 5克

调味料

市售原味酸奶
………… 150克

做法

1. 将皇帝豆放入沸水中烫至熟后，捞起去膜，沥干放凉备用。
2. 苹果洗净切块；橘子去皮取瓣；草莓洗净，对剖备用。
3. 将做法1、做法2的材料加入市售原味酸奶拌匀，再撒上蔓越莓即可。

养生也能好美味

皇帝豆通常用来制作咸口味料理，但做成沙拉和水果搭配，却有着鲜甜的清爽口感，吃起来很不同于一般菜肴的味道。

248 豌豆吻仔鱼酥

材料

豌豆 ················· 80克
吻仔鱼 ··········· 200克
蒜片 ··················· 5克
红辣椒片 ··········· 2克

调味料

盐 ················· 1/4小匙
白胡椒粉 ········ 1/4小匙

做法

1. 将豌豆放入沸水中氽烫后，捞起去膜，沥干备用。
2. 起油锅，加热至油温约150℃，放入吻仔鱼、蒜片和红辣椒片，以小火炸至金黄酥脆。
3. 另取锅烧热，加入少许油，放入做法1、做法2的材料和所有调味料，以大火快速炒匀即可。

养生也能好美味

豌豆炸过后口感酥脆，有像零食脆果子一样的口感，再搭配上炸过的吻仔鱼，最适合作下酒的小菜。

249 豌豆辣八宝

材料

A.豌豆 ············ 100克
  猪肉丁 ·········· 50克
  鲜虾丁 ·········· 50克
  笋丁 ·············· 30克
  豆干丁 ·········· 50克
  胡萝卜丁 ········ 20克
B.生香菇丁 ······· 20克
  虾米 ·············· 10克
  蒜片 ·············· 2克
  红辣椒片 ········· 2克

调味料

辣椒酱 ·········· 1/2大匙
酱油 ·············· 1小匙
细砂糖 ·········· 1/2大匙
米酒 ·············· 1大匙
白胡椒粉 ········ 1/4小匙
水 ················· 200毫升

腌料

盐 ················· 1/4小匙
米酒 ·············· 1大匙
白胡椒粉 ········ 1/4小匙
淀粉 ·············· 1大匙

做法

1. 将猪肉丁和鲜虾丁加入所有腌料腌约3分钟；虾米洗净泡水约1分钟沥干备用。
2. 将猪肉丁、鲜虾丁和剩余材料A放入沸水中氽烫后，捞起沥干备用。
3. 锅烧热，加入少许油，放入蒜片、红辣椒片、生香菇丁和虾米炒香，再放入所有调味料，以小火煮约1分钟。
4. 放入做法2的材料，以大火炒匀至汤汁浓稠即可。

培根豌豆浓汤　香炒素鸡米

毛豆玉米胡萝卜　米豆烧牛肚

250 培根豌豆浓汤

* 材料 *

豌豆 ············· 100克
培根块 ············· 30克
洋葱块 ············· 20克
西芹块 ············· 10克
培根丝（烤酥）··适量

* 调味料 *

市售鸡高汤··200毫升
水 ············· 300毫升

* 做法 *

1. 锅烧热，放入培根块炒香，加入洋葱块和西芹块炒匀，加入80克豌豆、100毫升鸡高汤和水，以小火熬煮至豌豆软化，放凉备用。
2. 将做法1的材料倒入果汁机中打匀后，倒回锅中煮至滚沸备用。
3. 将剩余的20克豌豆加入100毫升鸡高汤中，放入果汁机内打匀，倒入锅中煮至滚沸，最后再撒上烤酥的培根丝即可。

养生也能好美味

豌豆浓汤的绿色素容易氧化变黑，所以要分两次打成泥，第一次是制作淀粉质，第二次再将新打的浓汤倒入，如此才能保存颜色。

251 香炒素鸡米

* 材料 *

面肠 ············· 150克
胡萝卜 ············· 150克
玉米粒 ············· 150克
鲜香菇 ············· 3朵
豌豆 ············· 150克
姜 ············· 5克
葵花籽油 ········· 2大匙

* 调味料 *

盐 ············· 1/2小匙
细砂糖 ············· 少许
香菇粉 ············· 少许
胡椒粉 ············· 少许

* 做法 *

1. 面肠、胡萝卜、鲜香菇洗净切丁；姜洗净切末。
2. 将胡萝卜丁、玉米粒、豌豆放入沸水中快速汆烫，捞出沥干水分，备用。
3. 热锅倒入葵花籽油，爆香姜末，放入鲜香菇丁、面肠丁炒香。
4. 锅中放入胡萝卜丁、玉米粒、豌豆拌匀，再加入所有调味料炒至入味即可。

养生也能好美味

豌豆皮膜煮过之后颜色不佳，而且外表容易起皱，建议可将皮膜先去掉，再继续料理会使得成品更美观。

252 毛豆玉米胡萝卜

* 材料 *

毛豆 ············· 50克
玉米粒 ············· 50克
胡萝卜丁 ············· 30克
油 ············· 1小匙
水 ············· 50毫升

* 调味料 *

盐 ············· 少许

* 做法 *

1. 将毛豆、玉米粒和胡萝卜丁放入沸水中，略汆烫后捞起沥干水，备用。
2. 热锅，倒入油，加入毛豆和胡萝卜丁，拌炒至八分熟时加入玉米粒，翻炒均匀。
3. 锅中继续加入水和盐拌炒均匀，再炒至水分略收即可。

养生也能好美味

这是一道色彩跟营养都丰富的料理，胡萝卜的维生素A，玉米的玉米黄质，毛豆的蛋白质、钙质，对于产妇来说除了可以帮助补充乳汁的营养，更可以保护眼睛。

253 米豆烧牛肚

* 材料 *

米豆100克、熟牛肚150克、杏鲍菇20克、蒜蓉2颗、红辣椒片2克、葱段5克

* 调味料 *

白胡椒粉1/4小匙、米酒1大匙、酱油1大匙、细砂糖/2大匙、水300毫升

* 做法 *

1. 米豆泡水约1小时，捞出沥干；熟牛肚切片备用。
2. 锅烧热，加入少许油，放入蒜蓉和红辣椒片、葱段炒香。
3. 再放入米豆、熟牛肚片、杏鲍菇和所有调味料，以小火煮约40分钟即可。

养生也能好美味

米豆又名黑眼豆或眉豆，植物性蛋白质含量高，在讲究养生的今日，渐渐受到瞩目，偶尔加入料理中，更可增加摄取不同养分的机会。

254 米豆炖南瓜

＊材料＊

米豆·············100克
南瓜块··········150克
西蓝花（烫熟）·30克

＊调味料＊

盐··············1/4小匙
市售高汤······500毫升

＊做法＊

1.米豆泡水约1小时，捞出沥干备用。
2.南瓜去皮、去籽，切小块备用。
3.将米豆放入锅中，倒入市售高汤，以小火煮约20分钟。
4.加入南瓜块继续煮20分钟，起锅前加入烫熟的西蓝花和盐调味即可。

养生也能好美味

南瓜去皮后再烹饪口感较佳，但其实南瓜皮在炖煮之后也可以食用，而且营养丰富，所以不妨保留南瓜皮一起食用。

255 米豆福菜肉片汤

＊材料＊

米豆80克、福菜20克、肉片20克

＊调味料＊

盐1/4小匙、市售高汤600毫升

＊腌料＊

盐1/4小匙、米酒1/2大匙、白胡椒粉1/4小匙、淀粉1/4小匙

＊做法＊

1.米豆泡水约1小时，捞出沥干；福菜洗净泡水，沥干后切丝备用。
2.肉片加入所有的腌料材料腌约3分钟，放入沸水中氽烫，捞起放入冰水中备用。
3.将米豆、福菜丝和市售高汤放入锅中，炖煮约20分钟，再放入肉片和盐煮至滚沸即可。

256 红豆冬瓜煲鱼汤

＊材料＊

新鲜鳟鱼	1尾
红豆	1大匙
冬瓜	100克
老姜片	15克
葱白	10克
水	800毫升

＊调味料＊

盐	1小匙
鸡粉	1/2小匙
米酒	1大匙

＊做法＊

1. 红豆泡水3小时后沥干；冬瓜带皮洗净、切块，汆烫后过冷水，备用。
2. 鳟鱼处理干净后、切大段，用纸巾吸干水分，备用。
3. 热锅，加入适量色拉油，放入鱼块，煎至两面金黄后放入姜片、葱白煎至金黄，备用。
4. 取一内锅，放入做法1、做法3的材料，再加入800毫升水及所有调味料。
5. 将内锅放入电锅，外锅加入1.5杯水（分量外），盖上锅盖按下开关，煮至开关跳起后，捞除姜片、葱白即可。

257 绿豆萝卜烧肉

＊材料＊

绿豆	100克
胡萝卜块	50克
五花肉	200克

＊调味料＊

柴鱼酱油	1小匙
水	1000毫升
盐	1/4小匙
味醂	1大匙
细砂糖	1/4小匙

＊做法＊

1. 绿豆泡水约1小时，捞出沥干；五花肉去皮切大块，备用。
2. 锅烧热，加入少许油，放入五花肉块以小火炒香，再加入胡萝卜块、绿豆和所有调味料，以小火炖煮约40分钟至五花肉软烂即可。

养生也能好美味

绿豆通常用来制作甜点，蛋白质和钙、铁含量都很高，偶尔变换成咸口味的料理，新鲜又营养。

258 绿豆仁鲜炒芦笋

＊材料＊

绿豆仁	50克
芦笋	50克
虾仁	50克
红甜椒片	10克

＊调味料＊

盐	1/4小匙
白胡椒粉	1/4小匙
米酒	1大匙

＊做法＊

1. 绿豆仁泡水约30分钟，捞出沥干，放入电锅中，外锅加1杯水，蒸约20分钟至软，备用。
2. 芦笋切斜片；虾仁划背去肠泥，备用。
3. 锅烧热，放入少许油，炒香芦笋片、虾仁、绿豆仁、红甜椒片和所有调味料，以大火炒匀即可。

259 桂花绿豆蒸莲藕

＊材料＊

绿豆	200克
莲藕	约200克
干燥桂花	1/2大匙
淀粉	1小匙

＊调味料＊

细砂糖	1大匙
水	200毫升

＊做法＊

1. 绿豆泡水约1小时，捞出沥干；莲藕洗净去皮，切除根部，备用。
2. 将绿豆以筷子塞入莲藕洞内至满，放入电锅内，外锅加3杯水，蒸约1小时。
3. 将所有调味料加热煮开，放入干燥桂花煮约1分钟，再加入淀粉混合2大匙水勾薄芡。
4. 将莲藕取出切薄片，再将做法3的材料淋至莲藕上即可。

260 花生东坡肉

＊材料＊

五花肉 ············ 200克
花生 ·············· 50克
葱段 ·············· 20克
老姜片 ·············· 3片
酱油 ·············· 1大匙
水 ············· 700毫升

＊做法＊

1. 花生洗净，泡水约5小时，备用。
2. 五花肉切大块，洗净，绑上棉绳。
3. 将五花肉放入沸水中氽烫去除血水，再捞起沥干，备用。
4. 将五花肉、花生和其余材料皆放入锅中，煮沸后转小火，继续煮约1小时至五花肉熟透且入味即可。

261 花生猪脚汤

＊材料＊

猪脚·············1个
花生·············50克
水·············500毫升

＊调味料＊

盐·············1/3小匙

＊药材＊

王不留行·············15克
当归·············5克

＊做法＊

1.猪脚洗净后放入沸水中氽烫，再刮除细毛、洗净；花生泡水6小时，备用。
2.将药材与花生洗净，放入电锅内锅中，再放入猪脚块，于外锅加入2杯水，盖上锅盖、按下开关。
3.煮至开关跳起后加入盐拌匀，再焖5~10分钟即可。

注：氽烫时可加入少许姜片去腥。

262 花生凤爪汤

＊材料＊
鸡爪20个、生带皮花生100克、猪排骨200克、水1000毫升、姜片3片、葱2根

＊调味料＊
盐1小匙、米酒1大匙

＊做法＊
1. 将花生泡水3小时；葱洗净切段。
2. 鸡爪洗净，切去爪甲后放入沸水中氽烫，再捞起沥干备用。
3. 猪排骨洗净后放入沸水中氽烫，去除血水脏污后捞起。
4. 取一锅，放入花生、鸡爪和猪排骨，再于锅中加入姜片、葱段和水，以小火炖约1小时后加入所有调味料拌匀煮沸即可。

263 花豆焖烧排骨

＊材料＊

花豆	50克
排骨	200克
葱段	50克

＊调味料＊

细砂糖	1大匙
水	500毫升
酱油	1小匙
沙茶酱	1/2小匙

＊做法＊
1. 花豆泡水约1小时，捞出沥干备用。
2. 将排骨放入沸水中氽烫后，捞起沥干备用。
3. 锅烧热，加入少许油，放入葱段炒香，再加入花豆、排骨和所有调味料，以小火炖煮约40分钟即可。

264 花豆炖猪脚

＊材料＊

花豆	100克
猪脚块	200克
枸杞子	5克
红枣	10克
葱段	5克

＊调味料＊

水	1000毫升
米酒	2大匙
盐	1/2小匙

＊做法＊
1. 花豆泡水约1小时，捞出沥干备用。
2. 猪脚块放入沸水中氽烫后，捞起沥干备用。
3. 将花豆、猪蹄块、红枣和所有调味料放入炖锅中，炖煮约1小时。
4. 再加入枸杞子和葱段继续煮1分钟即可。

和风花豆五木煮 豆腐花生煲

奶酪花豆炖肉 肉鱼花豆味噌烧

265 和风花豆五木煮

材料

花豆50克、南瓜块20克、莲藕片20克、竹笋块30克、牛蒡20克、胡萝卜块20克、甜豆荚2克

调味料

味醂2大匙、水400毫升、柴鱼酱油1小匙

做法

1.花豆泡水约1小时，捞出沥干；牛蒡去皮切小段备用。
2.将所有调味料放入锅中，加入花豆、牛蒡、莲藕片、竹笋块和胡萝卜块，以小火烧煮约30分钟。
3.加入南瓜块煮约10分钟，再加入甜豆荚煮1分钟。

养生也能好美味

花豆的口感粉粉甜甜，除了可以用于制作甜点之外，也可以替代土豆，制作成咸口味料理的主食。

266 豆腐花生煲

材料

花豆	100克
老豆腐	2块
蘑菇块	20克
鲜香菇块	20克
红辣椒片	2克
蒜片	2克
甜豆段	2克

调味料

细砂糖	1/2小匙
水	300毫升
酱油	1小匙

做法

1.花豆泡水约1小时，捞出沥干，放入电锅内，外锅加1杯水，蒸约30分钟至软。
2.老豆腐切小块，放入沸水中汆烫后，捞起沥干备用。
3.锅烧热，放入少许油，炒香红辣椒片、蒜片、蘑菇块、鲜香菇块、所有调味料和豆腐块，以大火煮至滚沸。
4.取一砂锅，放入花豆，倒入做法3的材料，以小火煲煮约10分钟至入味，再放入甜豆段焖煮1分钟即可。

267 奶酪花豆炖肉

材料

花豆	50克
梅花肉块	200克
洋葱块	20克
蘑菇块	20克
圣女果	10克
甜豆荚	2克

调味料

动物性鲜奶油	2大匙
水	300毫升
奶酪粉	1大匙
鲜奶	200毫升
盐	1/4小匙

做法

1.花豆泡水约1小时，捞出沥干备用。
2.将梅花肉块放入沸水中汆烫后，捞起沥干备用。
3.锅烧热，加入少许油，放入洋葱块炒香，再加入花豆、梅花肉块、蘑菇块、圣女果和所有调味料，以小火炖煮约40分钟。
4.放入甜豆荚炖煮1分钟即可。

268 肉鱼花豆味噌烧

材料

花豆	30克
肉鱼	3尾
姜片	2克
葱白丝	2克
香菜	2克

调味料

味醂	1/2大匙
水	400毫升
米酒	2大匙
白味噌	1小匙

做法

1.花豆泡水约1小时，捞出沥干备用。
2.锅烧热，放入少许油，放入肉鱼煎至金黄色。
3.加入所有调味料、花豆和姜片，以小火约30分钟，撒上葱白丝和香菜即可。

269 花豆鲜鱼汤

＊材料＊

花豆	30克
鲜鱼块	200克
姜丝	10克
葱花	5克
嫩豆腐	1盒

＊调味料＊

水	500毫升
盐	1/4小匙
米酒	2大匙
白胡椒粉	1/4小匙

＊做法＊

1. 花豆泡水约1小时，捞出沥干，放入电锅内，外锅加2杯水，蒸约40分钟至软备用。
2. 鲜鱼块放入沸水中氽烫后，捞起沥干；嫩豆腐切小块备用。
3. 将花豆、鲜鱼块、嫩豆腐和姜丝放入锅中，加入所有调味料，以小火煮约5分钟，再撒上葱花即可。

270 党参花豆炖鸡汤

＊材料＊

花豆	100克
土鸡块	300克
党参片	20克
黄芪片	2克

＊调味料＊

米酒	2大匙
市售鸡高汤	300毫升
水	700毫升

＊做法＊

1. 花豆泡水约1小时，捞出沥干备用。
2. 土鸡块放入沸水中氽烫后，捞起沥干备用。
3. 将花豆、土鸡块、党参片、黄芪片和所有调味料放入炖锅中，炖煮约40分钟即可。

271 黑豆炖猪尾

＊材料＊

猪尾	600克
黑豆	100克
姜片	15克
水	1300毫升
米酒	50毫升

＊调味料＊

盐	1/2小匙
鸡粉	少许

＊做法＊

1. 黑豆洗净泡水5小时，备用。
2. 将猪尾洗净，放入沸水中氽烫3分钟捞起，再冲水洗净，沥干后放入砂锅中。
3. 砂锅中继续放入黑豆、米酒、姜片和水，煮沸后改小火炖煮1小时，加入所有调味料和葱花（材料外）拌匀即可。

272 黑豆卤五花肉

＊材料＊

五花肉	600克
黑豆	100克
姜片	10克
蒜头	10克
八角	2粒
水	1300毫升

＊调味料＊

酱油	60毫升
冰糖	1/2大匙
盐	少许
米酒	100毫升

＊做法＊

1. 将黑豆洗净泡水5小时，沥干备用。
2. 五花肉洗净切块，备用。
3. 锅烧热，放入2大匙色拉油，放入姜片、蒜头和八角爆香，再放入五花肉块炒至微焦。
4. 加入所有的调味料炒香，放入沥干的黑豆，加入水煮至滚沸，盖上锅盖，再以小火卤约50分钟即可。

273 黑豆莲子排骨汤

材料

黑豆·············20克
莲子·············20克
小排骨···········200克
老姜片···········10克
热水·············700毫升

调味料

盐·············1/3小匙

做法

1. 黑豆和莲子洗净，分别浸泡约5小时，沥干备用。
2. 排骨洗净，放入沸水中氽烫去除血水，再捞起沥干，备用。
3. 将所有材料一同放入电锅内锅中，于外锅加入1.5杯水，盖上锅盖、按下开关。
4. 煮至开关跳起后加入盐拌匀，再焖5~10分钟即可。

养生也能好美味

黑豆跟黄豆一样都是大豆，不过黑豆含有较高的蛋白质、异黄酮、不饱和脂肪酸，对人体有更好的补充营养的效果。

274 黑豆油豆腐烧

材料

黑豆·············30克
四方油豆腐········2块
蒜苗丝···········2克
蒜蓉·············5克

调味料

味醂·············2大匙
水·············300毫升
柴鱼酱油·········1小匙

做法

1. 黑豆泡水约1小时，捞出沥干；四方油豆腐每块分切成四小块备用。
2. 将所有调味料放入锅中，加入黑豆、油豆腐块和蒜蓉，以小火卤煮约20分钟后盛盘，再撒上蒜苗丝即可。

275 牛蒡黑豆煮

＊材料＊

黑豆 …………… 20克
牛蒡 …………… 300克
香菜叶 …………… 1片

＊调味料＊

味醂 …………… 2大匙
水 …………… 400毫升
柴鱼酱油 …………… 1小匙

＊做法＊

1. 黑豆泡水约1小时，捞出沥干；牛蒡去皮切小段，备用。
2. 将所有调味料放入锅中，加入黑豆、牛蒡，以小火卤煮约20分钟后盛盘，再放上香菜叶作装饰即可。

养生也能好美味

黑豆不易煮透，所以料理前需要先泡水。也因黑豆这耐煮的特质，所以可与适合久煮的食材，如油豆腐或牛蒡一起卤煮，这样会更入味。

276 黑豆酱烧红目鲢

＊材料＊

黑豆 …………… 30克
红目鲢鱼 …………… 1尾
葱段 …………… 10克
蒜蓉 …………… 5克

＊调味料＊

细砂糖 …………… 1/4小匙
水 …………… 300毫升
酱油 …………… 1/4小匙
米酒 …………… 2大匙
白胡椒粉 …………… 1/4小匙

＊做法＊

1. 将黑豆泡水约1小时，捞出沥干，放入电锅内，外锅加1杯水，蒸约30分钟至软，取1/2分量的黑豆压成泥，备用。
2. 锅烧热，放入少许油，炒香蒜蓉和葱段，放入红目鲢煎至两面金黄。
3. 加入所有调味料、黑豆泥和剩余的黑豆，以小火烧约10分钟即可。

277 黑豆鲫鱼汤

＊材料＊

鲫鱼1条、黑豆1大匙、老姜片15克、葱白20克、水800毫升

＊调味料＊

盐1小匙、鸡粉1/2小匙、米酒1大匙

＊做法＊

1. 黑豆泡水约8小时后沥干；鲫鱼清洗处理干净，用纸巾吸干，备用。
2. 热锅，加入适量油，放入鲫鱼，煎至两面金黄后放入姜片、葱白煎至金黄，备用。
3. 取内锅，放入鲫鱼、黑豆，再加入800毫升水及所有调味料。
4. 将内锅放入电锅里，外锅加入1.5杯水（分量外），盖上锅盖按下开关，煮至开关跳起后，捞除姜片、葱白即可。

＊材料＊

黑豆30克、墨鱼仔400克、姜丝5克、葱段10克、红辣椒片5克

＊调味料＊

细砂糖1/2大匙、水300毫升、酱油1/2小匙、米酒2大匙、白胡椒粉1/4小匙

＊做法＊

1. 黑豆泡水约1小时，捞出沥干备用。
2. 锅烧热，放入少许油，炒香姜丝、红辣椒片和葱段，放入墨鱼仔煎至金黄色。
3. 加入所有调味料和黑豆，以小火烧约20分钟即可。

养生也能好美味

黑豆一直被认为是防老抗衰的圣品，营养价值高，常常拿来入菜，或是代替黄豆做成豆浆和豆花，和海鲜同煮，将更能突显海鲜的鲜味。

278 黑豆烧墨鱼仔

279 蜜黑豆

＊材料＊

黑豆 …………… 200克
水 …………… 800毫升

＊调味料＊

味醂 …………… 50毫升

＊做法＊

1. 黑豆洗净后于冷水中浸泡6~8小时，捞出沥干水分，备用。
2. 将黑豆和材料中的水一起放入锅中，煮至滚沸后盖上锅盖，改小火煮约1小时。
3. 打开锅盖，加入调味料拌匀，煮至黑豆入味且汤汁微干即可。

1

2

3

4

5

280 蜜黄豆

* 材料 *

黄豆 …………… 100克
糖 ……………… 30克
水 ……………… 200毫升
盐 ……………… 1/4小匙
油 ……………… 1小匙

* 做法 *

1.黄豆洗净后泡水约6小时，沥干备用。
2.将黄豆、水放入电锅中，外锅加2杯水，蒸至开关跳起后再焖5分钟。
3.热锅，倒入油，放入做法2的黄豆和水翻炒。
4.锅中放入糖和盐，拌炒到黄豆略带粘稠感即可。

养生也能好美味
黄豆是非常好的植物性蛋白质来源，含有钙、铁、卵磷脂，特别是异黄酮素对于女性是相当滋养的素材，可降低乳癌、前列腺癌的发生率，产后多补充豆浆、豆腐等也有助于增加乳汁分泌。

高纤五谷杂粮 健康杂粮点心

281 八宝饭

＊材料＊

圆糯米 ……………250克
水 …………………220毫升
菠萝片 ………………1片
蔓越莓干 ……………适量
葡萄干 ………………适量
红蜜花豆 ……………适量
黄蜜花豆 ……………适量

＊调味料＊

A.白砂糖 …………30克
　米酒 ………………1大匙
B.白砂糖 …………20克
　水 ………………100毫升
　水淀粉 ………………少许

＊做法＊

1. 圆糯米洗净后捞出，沥干水分倒入水，放入电子锅蒸熟。
2. 待圆糯米熟透时，趁热加入调味料A搅拌均匀成甜米糕，备用。
3. 取一扣碗，覆上保鲜膜，依序于外侧摆入菠萝片、蔓越莓干、葡萄干、红蜜花豆以及黄蜜花豆，备用。
4. 在扣碗内填入甜米糕，压紧后上方再覆上保鲜膜，移至水已煮开的蒸笼，以中火蒸约15分钟后取出即成八宝饭，倒扣至圆盘上备用。
5. 取一锅，倒入调味料B的白砂糖和水拌匀，以中火煮至滚沸后加入少许水淀粉勾芡，淋至八宝饭上即可。

282 薏米烤地瓜

* 材料 *

熟薏米	50克
地瓜	300克
蛋液	少许
黑芝麻	少许
白芝麻	少许

* 调味料 *

细砂糖	1/2大匙
鲜奶油	1/2大匙
奶油	1/2大匙

* 做法 *

1. 地瓜洗净去皮，切薄片并放入盘中，覆上保鲜膜后移至电锅蒸熟，备用。
2. 将蒸熟的地瓜片压成泥，加入所有调味料搅拌均匀，取适量包入熟薏米，整成适当大小的圆饼状，表面涂上蛋液并撒上黑、白芝麻，依序排放在烤盘上，备用。
3. 将烤盘移至已预热的烤箱，以上火220℃的温度烘烤约10分钟，待表面上色即可。

283 肉桂燕麦煎饼

* 材料 *

燕麦片	40克	泡打粉	1/2小匙
低筋面粉	75克	牛奶	50毫升
鸡蛋	1个	奶油	1大匙
糖	1大匙	枫糖浆	适量
肉桂粉	1小匙		

* 做法 *

1. 取钢盆，先将鸡蛋打入，再加糖打至湿性发泡。
2. 低筋面粉、肉桂粉、泡打粉混合过筛，分次拌入做法1的钢盆内。
3. 于做法2的钢盆内倒入牛奶拌匀后，加入燕麦片混合均匀成面糊。
4. 取一平底锅，于锅中加入奶油烧热，舀一大匙面糊入锅，待表面冒泡后，再翻面煎至表面呈金黄色，最后淋上枫糖浆即可。

注：湿性发泡为搅拌器拉起时，蛋清糊尖端会往下垂。

284 红豆汤

材料

红豆 ……………200克
白砂糖 …………170克
水 ……………3000毫升

做法

1. 检查红豆，将破损的红豆挑出，保留完整的红豆。
2. 将挑选出来的红豆清洗干净，以冷水浸泡约2小时。
3. 取一锅，加入可盖过红豆的水量煮沸，再放入红豆汆烫去除涩味，烫约30秒后，捞出沥干。
4. 另取一锅，加入3000毫升水煮沸，放入红豆以小火煮约90分钟。
5. 盖上锅盖，以小火继续焖煮约30分钟。
6. 加入白砂糖轻轻拌匀，煮至再次滚沸，至糖融化即可。

养生也能好美味

挑选红豆要注意的是，以富有光泽、形状饱满、色泽鲜艳、外观干燥且无怪味为优等品，若有破裂或潮湿则是较不新鲜的红豆。而红豆汤好吃的诀窍是，将红豆煮至熟透又不至于软烂。所以泡水和烫这两个步骤千万不能省略，切记至少要泡水30分钟以上，并用沸水烫豆。

285 红豆麻糬

材料

红豆·············100克
糯米粉··········300克
水···············200毫升
热开水··········200毫升
花生油··········1大匙
片栗粉··········适量

调味料

白砂糖··········100克

做法

1. 红豆洗净，倒入材料中的水浸泡约6小时，一起放入电锅蒸熟后，趁热压碎并加入白砂糖拌匀，备用。
2. 将红豆泥放入炒锅以小火炒干即成红豆馅，备用。
3. 糯米粉冲入热开水后搅拌均匀至无颗粒，放入水已煮开的蒸笼，以大火蒸约30分钟，取出趁热加入花生油搅拌至有Q度，此即麻糬皮。
4. 取适量麻糬皮包入红豆馅，表面沾裹上片栗粉即可。

286 麻糬红豆汤

材料

红豆汤·············2碗
（做法参考P196）
日式麻糬··········1块
地瓜···············1个

调味料

糖·················适量
盐·················少许

做法

1. 地瓜去皮切丁，先以沸水煮至微熟，再以与地瓜同重量的糖、少许盐及其1/3量的水(或更少)，以小火煮至地瓜熟透，关火即成蜜地瓜，备用。
2. 日式麻糬切四等份，放入烤箱烤至膨起。
3. 碗内放入红豆汤、适量蜜地瓜丁及两块烤麻糬即可。

养生也能好美味

加入适量盐可以将红豆汤的砂糖甜味完美提出，让口感吃起来不会太腻又有香味，不过千万不能加入太多盐，以免红豆汤变咸。

287 绿豆汤

材料

绿豆 ·············· 300克
白砂糖 ············· 200克
沸水 ············· 3000毫升
冷水 ·············· 少许

做法

1. 将破损的绿豆挑出，放入水中洗净，除去表面的灰尘和杂质。
2. 取一钢锅，放入绿豆。
3. 锅中加少许冷水，冷水须淹过绿豆约两厘米。
4. 将锅置于炉火之上，以中火煮约10分钟，至锅内汤汁收干为止。
5. 锅中加入3000毫升的沸水。
6. 盖上锅盖，继续以中火焖煮约15分钟至绿豆爆开，熟烂为止。
7. 锅中加入白砂糖，均匀搅拌即可。

养生也能好美味

豆类要煮到爆开，也就是煮熟烂，所需要的时间较长，如果嫌麻烦可以使用下面的诀窍：先用少量的水将绿豆煮至水分完全吸收，再加入其余的水继续煮至再度滚沸，最后放入糖等调味料，这样不仅节省熬煮时间，还可以让绿豆汤汁保持清澈不混浊。

288 绿豆仁汤

材料

绿豆仁 ┄┄┄┄ 300克
水 ┄┄┄┄ 3000毫升

调味料

白砂糖 ┄┄┄┄ 200克

做法

1. 绿豆仁洗净，以冷水浸泡约30分钟。
2. 将绿豆仁放入快锅中，先加入500毫升水，以中火煮约10分钟后，关火再焖10分钟至熟透。
3. 将剩下的2500毫升水加入其中，以中火煮约15分钟，再加入白砂糖搅拌均匀即可。

289 绿豆薏米汤

材料

绿豆 ┄┄┄┄ 200克
薏米 ┄┄┄┄ 100克
水 ┄┄┄┄ 3000毫升

调味料

白砂糖 ┄┄┄┄ 200克

做法

1. 薏米洗净，泡水1小时后沥干；取锅加入2500毫升水煮沸，放入薏米以小火煮约30分钟，备用。
2. 绿豆清洗干净，不需浸泡，加入可盖过绿豆的水量（分量外）煮沸，再放入绿豆汆烫去除涩味，烫约30秒后，捞出沥干。
3. 另取一锅，放入烫好的绿豆，加入盖过绿豆3厘米高的水量（分量外），以中火煮至水分将干。
4. 将煮好的绿豆加入煮薏米的锅中，再加入50毫升水，以大火煮沸后捞除浮皮，再煮约15分钟，加入白砂糖拌匀，煮至再次滚沸即可。

薏米甜汤　红豆燕麦汤

黑豆莲子甜汤　黑豆地瓜甜汤

290 薏米甜汤

＊材料＊ | ＊调味料＊
脱心薏米⋯⋯⋯300克　白砂糖⋯⋯⋯⋯200克
水⋯⋯⋯⋯3000毫升

＊做法＊
1.将脱心薏米挑选一遍，并以清水洗净，去除表面的灰尘和杂质，然后以冷水浸泡约1小时，使其软化。
2.将脱心薏米沥干水分，并放入快锅中。
3.先取800毫升的水，放入快锅中，以中火煮约15分钟。
4.转为小火，再焖煮15分钟至脱心薏米熟烂。
5.将剩下的2200毫升水加入锅中继续煮。
6.加入白砂糖拌匀，转中火，煮至水沸即可。

291 红豆燕麦汤

＊材料＊ | ＊调味料＊
红豆⋯⋯⋯⋯150克　细砂糖⋯⋯⋯⋯60克
燕麦⋯⋯⋯⋯100克
水⋯⋯⋯⋯1300毫升

＊做法＊
1.红豆洗净，倒入材料中的水浸泡约6小时，备用。
2.燕麦洗净，沥干水分后备用。
3.将红豆和燕麦一起倒入汤锅中煮至滚沸，再盖上锅盖改小火煮约50分钟，最后打开锅盖加入细砂糖拌匀，继续煮约5分钟即可。

292 黑豆莲子甜汤

＊材料＊ | ＊调味料＊
黑豆⋯⋯⋯⋯100克　冰糖⋯⋯⋯⋯1大匙
莲子⋯⋯⋯⋯30克　水⋯⋯⋯⋯1000毫升
枸杞子⋯⋯⋯10克

＊做法＊
1.黑豆泡水约1小时；莲子泡水约30分钟捞出沥干，备用。
2.将黑豆、莲子和水放入锅中炖煮约1小时。
3.锅中放入冰糖和枸杞子，煮约2分钟即可。

293 黑豆地瓜甜汤

＊材料＊ | ＊调味料＊
黑豆⋯⋯⋯⋯100克　冰糖⋯⋯⋯⋯1大匙
地瓜块⋯⋯⋯50克　水⋯⋯⋯⋯1000毫升
姜片⋯⋯⋯⋯10克

＊做法＊
1.黑豆泡水约1小时，捞出沥干，备用。
2.将黑豆、地瓜块、姜片和水放入锅中炖煮约40分钟后，再放入冰糖煮约2分钟即可。

养生也能好美味
地瓜块可切大块些，否则因甜汤长时间久煮，地瓜块很容易煮烂化开。

294 银耳花豆汤

材料

花豆·············50克
银耳·············20克

调味料

冰糖·············2大匙
水·············1000毫升

做法

1. 花豆泡水约1小时；银耳泡水约20分钟，捞出沥干，备用。
2. 将花豆、银耳和水放入锅中炖煮约40分钟，再加入冰糖煮约2分钟即可。

养生也能好美味
在挑选银耳时，要选择肥厚、外观完整，且颜色不太洁白、略带黄色的；烹煮前先去除蒂头，口感会更好。

295 南洋椰奶花豆露

材料

花豆·············30克
亚达子（罐装）···20克
波萝蜜（罐装）···10克
西米露·············20克

调味料

椰糖·············2大匙
水·············500毫升
椰奶·············200毫升

做法

1. 花豆泡水约1小时，捞出沥干，放入电锅内，外锅加2杯水，蒸约40分钟。
2. 西米露放入沸水中煮约5分钟至熟，先泡入冰水后，再捞起沥干备用。
3. 将所有调味料煮沸后放凉，加入花豆、亚达子、波罗蜜和西米露即可。

养生也能好美味
亚达子与波萝蜜都是产自南洋的水果，通常会制成糖渍罐头，因此甜度很高，调味时要注意糖分别加太多。

296 糙米冻

材料

糙米 ·············· 150克
原味烤花生 ······· 20克
水 ·············· 1300毫升
魔芋果冻粉 ·········15克

调味料

细砂糖 ············· 20克
黑芝麻粉 ············ 少许

做法

1. 糙米洗净后浸泡于冷水中6~8小时，捞出沥干水分，备用。
2. 将糙米和原味烤花生一起放入果汁机中，加入500毫升的水一起搅打均匀即成糙米浆，备用。
3. 取一汤锅，倒入700毫升的水煮至滚沸，再倒入糙米浆边煮边搅拌，煮至滚沸后改小火，继续煮5~10分钟，备用。
4. 将魔芋果冻粉和100毫升水拌匀后倒入锅中煮至滚沸，再加入500毫升的糙米浆和细砂糖搅拌均匀，倒入模型中静置至冷却后移入冰箱冷藏至凝结成冻，食用前撒上少许黑芝麻粉即可。

297 薏米琼脂冻

材料

A.薏米 ············· 50克
水 ·············· 200毫升
B.琼脂 ············· 15克
水 ·············· 800毫升

调味料

细砂糖 ············· 40克
蜂蜜 ·············· 适量
熟黄豆粉 ············ 适量

做法

1. 薏米洗净后于冷水中浸泡6~8小时，捞出沥干水分，备用。
2. 在薏米倒入材料A中的水和10克细砂糖拌匀后，一起放入电锅中蒸熟，捞出沥干水分，备用。
3. 琼脂洗净后倒入材料B的水，煮至滚沸后改小火煮至琼脂融匀，再加入30克细砂糖拌匀成冻汁，备用。
4. 取一模型，倒入少许冻汁后撒上薏米，再倒入剩余的冻汁，静置至冷却后放入冰箱冷藏至凝结成冻。
5. 取出薏米琼脂冻，切块后搭配熟黄豆粉并淋上蜂蜜食用即可。

298 绿豆冻

＊材料＊

绿豆 ·············· 150克
水 ·············· 600毫升
魔芋果冻粉 ········ 20克

＊调味料＊

细砂糖 ············· 30克

＊做法＊

1. 绿豆洗净，倒入材料中的水浸泡约1小时，放入电锅中蒸熟，备用。
2. 以滤网过滤出绿豆汤汁；取少许锅中的绿豆放入模型，备用。
3. 取少许绿豆汤汁将魔芋果冻粉调匀，再倒入锅中，和剩余绿豆汤汁一起煮至滚沸，加入细砂糖搅拌均匀，最后倒入模型中，静置至冷却后移入冰箱冷藏至凝结成冻即可。

299 豆米浆

＊材料＊

A. 黄豆 ·········· 300克
　　水 ········· 1200毫升
B. 市售糙米浆300毫升

＊调味料＊

细砂糖 ·············· 10克

＊做法＊

1. 黄豆洗净后于冷水中浸泡6~8小时，捞出沥干水分，备用。
2. 将黄豆放入果汁机中，加入1000毫升水一起搅打均匀，倒入棉布袋中过滤出豆浆，备用。
3. 取一汤锅，倒入200毫升的水煮至滚沸，再倒入豆浆边煮边搅拌，煮至滚沸后改小火，煮至泡泡消失时熄火，备用。
4. 将约300毫升豆浆，加入糙米浆和细砂糖搅拌均匀即可。

300 薏米豆浆

材料

黄豆 ……………… 100克
薏米 ……………… 150克
水 …………… 2500毫升
冰糖 ……………… 150克

做法

1. 黄豆、薏米洗净，泡水（分量外）约6小时，备用。
2. 将黄豆、薏米放入果汁机中，加入1000毫升水搅打成薏米豆浆。
3. 取一锅，加入1500毫升水煮沸，慢慢倒入薏米豆浆，煮沸后转小火继续煮约15分钟，至无豆腥味。
4. 将薏米豆浆倒入纱布袋中，滤掉薏米豆渣，再加入冰糖，煮至冰糖融化即可。

原味豆浆

301 原味豆浆

材料

黄豆 ·············· 300克
水 ·············· 3000毫升
绵白糖 ·············· 适量

做法

1. 将挑选好的黄豆用水冲洗干净，洗去沙土灰尘。
2. 将洗净的黄豆泡水约8小时备用（水为分量外，注意水量须盖过黄豆）。
3. 泡好后将水倒掉，再次把黄豆冲洗干净。
4. 捞出黄豆，放入果汁机（或调理机）中。
5. 在果汁机（或调理机）中加入1500毫升水，按下开关，搅打成浆。
6. 取一纱布袋，装入打好的豆浆。
7. 用纱布袋滤除豆渣，挤出无杂质的豆浆。
8. 取一较深的锅子，装入剩余的1500毫升水煮沸，再倒入挤出的豆浆。
9. 用大火将豆浆煮至冒大泡泡（使用深锅就是为了防止冒泡时溢出）。
10. 转小火继续煮约10分钟，直到豆香味溢出后熄火。
11. 用滤网将煮好的豆浆过滤，去除残渣，即为原味豆浆。
12. 取杯，加入适量绵白糖，再倒入适量原味豆浆搅拌均匀，即为甜豆浆。

302 炖豆浆

材料

原味豆浆……200毫升
（做法参考P207）
绵白糖……………40克
蜂蜜………………1大匙
鸡蛋（取蛋清）…2个
盐…………………少许

调味料

黑糖………………2大匙
水………………100毫升
老姜片……………20克

做法

1. 用打蛋器将蛋清、绵白糖、蜂蜜一起打匀，备用。
2. 将豆浆慢慢倒入做法1的材料中拌匀，再用滤网过滤并注入容器中，用保鲜膜起来。
3. 蒸锅加水，以大火煮滚至冒出蒸气时，将做法2的容器放入锅中，盖上锅盖转中火蒸约20~25分钟至豆浆成凝固状态。
4. 将所有调味料混合，以中火加热煮至黑糖融化，转小火续煮至姜汁略带稠状即为黑糖姜汁。
5. 享用炖豆浆时可淋上适量做法4的黑糖姜汁一起享用，风味绝佳。

303 豆浆芝麻糊

材料

黑芝麻粉…………50克
原味豆浆……400毫升
（做法参考P207）

调味料

细砂糖……………80克
水淀粉……………2大匙

做法

1. 将黑芝麻粉、豆浆及细砂糖加入汤锅，煮沸后转小火。
2. 用水淀粉勾薄芡后即可。

养生也能好美味

芝麻粉是连壳磨成粉的，所以带有微微的苦味，故不宜加太多；若芝麻糊是冰凉食用，则不需要勾芡，否则会很浓稠，口感不佳。

304 燕麦坚果奶

材料

什锦坚果·········120克
牛奶·············300毫升
冰糖·············40克
燕麦片···········60克
冷开水···········700毫升

做法

1. 什锦坚果先以干锅炒香或放入烤箱用140℃的温度烤香。
2. 将什锦坚果倒进果汁机内，并加入冷开水、牛奶，以高速打成浆状。
3. 加入冰糖与燕麦片，以低速搅打均匀即可。

注：若要喝热饮，可以将冷开水换成温开水。

305 五谷水果汁

材料

五谷饭···········80克
（做法参考P121）
菠萝·············75克
苹果·············75克
葡萄·············30克
冰开水···········600毫升

做法

1. 菠萝去皮、去芯，切小块备用。
2. 苹果洗净去皮、去籽，切小块备用。
3. 葡萄洗净去皮、去籽，备用。
4. 将五谷杂粮饭和菠萝、苹果、葡萄放入果汁机中，加入冰开水搅打成汁即可。

306 芝麻糊

材料

黑芝麻···········50克
亚麻子粉·········10克
糙米饭···········1/2碗
（做法参考P124）
水···············600毫升

调味料

糖···············2大匙

做法

1. 黑芝麻洗净、沥干，放入锅中以微火炒香，注意勿烧焦。
2. 将芝麻放凉，再与亚麻子粉、糙米饭和600毫升的水放入果汁机中，搅打均匀。
3. 将做法2的材料倒入锅中，以小火边煮边搅拌，煮沸后再加入糖即可。

煎炒烧烩・拌淋蒸煮・卤炖汤品・美味药膳
多样料理方式健康又美味！

滋养元气食补篇
Chinese medicine cuisine

滋补料理必备三法宝
米酒、老姜、麻油

麻油

　　麻油从黑芝麻中压榨萃取而成，颜色比白香油更深黑。麻油对女性而言，是生产养身的一大补品，也是女人产后坐月子的必需品。麻油常用来滋补、调养、强身，以及制作香油鸡、烧酒鸡、三杯鸡等料理。

老姜

　　同一株的姜可分为老姜、中姜及嫩姜，老姜为最底部的部分，又称"姜母"；中姜为中段的部分；而嫩姜即最上头的幼枝部位，又名"子姜"。姜的应用极广，多半可生吃或熟食，醋浸、酱渍、盐腌均可。老姜多入药或用来与补品熬炖，因老姜比较燥热，可促进血液循环，驱逐体内寒气，故常搭配在香油料理及药炖汤头中使用。老姜选购时以不皱缩枯萎、不腐烂者为佳。此外，老姜不适合冷藏保存，因为容易使水分流失，若没切过，则放在通风处保存即可。

米酒

　　米酒主要用于料理、中药、坐月子等，包装有玻璃瓶与塑料瓶两种，玻璃瓶装的米酒浓度约在25%左右，无保存期限；而塑料瓶装的浓度只有19.5%，可存放约1年。

　　以市售的米酒来说，分为料理米酒和米酒，其生产流程相同，差别仅在于料理米酒中添加了食盐。在烹调类似香油料理时，建议最好用米酒，不要使用料理米酒，因为料理米酒中的盐可能会影响口感。

滋补料理
制作六个关键抢先看

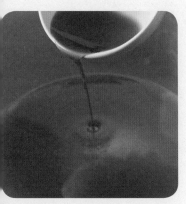

麻油入锅后
油温不要太高

炒锅清洗干净，擦拭干净或烧干后，倒入麻油不用特别烧热，就可立即加入老姜爆香或食材以小火翻炒，因为麻油煮得过久或温度过高会变苦，所以切忌在锅中烧煮太久。

老姜切丝
爆香更容易

通常店家为求方便，老姜片会一次爆香后大量保存，每次使用时再取出一些，可简化烹煮的过程和缩短烹调的时间。但在家中为了讲求方便，也可将老姜切成细丝后，再入锅爆香，这样老姜味会更容易释出。

中药材略冲洗
但不要泡在水里

因为中药材大多都会放置在太阳下曝晒，容易沾染上尘土。所以药材要使用前，记得要先用水略冲洗，但不要浸泡在水中过久，否则中药材的味道会流失。

要无酒味
可煮久一点

滋补料理多少都会加些米酒提味或一起烹煮，不喜欢酒气的人可以将锅中的料理以小火煮久一点，如此可让酒气容易散掉，如果喜欢酒味，则可以在起锅前，再加入少许米酒提味。

老姜要爆到边缘
干焦才入味

放入锅中用麻油爆香的老姜片，一定要爆炒到姜片边缘稍微干焦，这样香气才会完全释放出来，之后加入其他食材同煮，老姜才可发挥其效果。

调味料最后
起锅前再加入

烹调滋补料理时，建议不要加入过多的调味料，如果真的担心味道过淡不够咸，可在料理完成起锅前再加入调味料。不想多加调味料的人，也可以完全不加。

认识20种
天然元气食材

　　饮食日益精致化，就是导致营养严重失调的元凶，而国人在饮食习惯与营养摄取上的偏差，部分原因在于外食族增加，没有时间好好为自己设想该如何从正常的饮食中补充元气。因此，上班族面色暗黄连补妆都藏不住，连续加班之后更像一朵即将凋谢的花，没精神又没活力，严重影响工作效率。

　　没有一种食物含有人体所需要的所有营养素，所以我们精选了20种在超市就可以买到的方便元气食材，再搭配其他常见食材，设计成简单又营养的元气食谱。接下来就来认识这些可以令你快速恢复活力的超市版元气食材吧！

深海鱼

　　深海鱼的肉质细致，一般鱼刺也较少，本来就很受烹调者喜爱，再加上富含不饱和脂肪酸、蛋白质及DHA，不仅可将血液中过多的胆固醇带走，经常食用还能提升身体的免疫力，因此广受欢迎。

南瓜

　　南瓜本身味甜，是营养价值最高的瓜类之一，富含大量果胶，这些果胶在肠道内会形成一种凝胶状物质，可调节胃内食物的吸收度，使碳水化合物吸收减慢，还可促进胃内食物排空，故胃不好的人宜经常食用。而南瓜中的钾和锌及微量元素钴等营养，还可以强健身体、补元气。

菠菜

　　菠菜，曾被清乾隆帝赞颂为"红嘴绿鹦哥"，是绿叶蔬菜中的姣姣者，有"蔬菜之王"的雅称。菠菜中蛋白质的含量可与牛奶媲美，500克菠菜中蛋白质的含量相当于两个鸡蛋的含量。100克菠菜可满足人体一天对维生素C的需要和两天对胡萝卜素的需要。此外，菠菜还含有丰富的铁质，女性多吃可以预防贫血，让脸色红润。

西蓝花

　　西蓝花含有丰富的胡萝卜素、B族维生素、维生素C、蛋白质及硒、钙等成分，钙质含量不亚于牛奶，且维生素C含量特别高，可提升身体免疫力；B族维生素可维持神经系统的健康，这两种都是上班族最缺乏的营养素。西蓝花选购要诀：以蕾球紧密、青翠，小蕾花不展开，茎部不空心者为佳。

山药

山药俗名淮山，主要食用部位为地下块茎，富含多种必须氨基酸、蛋白质及淀粉，另具粘液质、膳食纤维、脂肪、维生素A、维生素B_1、维生素B_2、维生素C及钙、磷、铁、碘等矿物质，可提供人体多种必须营养。山药对女性来说最吸引人的就是养颜美容的功效，还能增加免疫功能。

菇蕈类

菇蕈类均属于低脂、高纤又富含蛋白质的食物，可促进肠胃蠕动、缓解便秘，其所富含特殊的多糖体，可帮助调节免疫功能。菇蕈类中的核酸类物质，可抑制血清和肝脏中胆固醇的增加，亦可在体内蛋白质合成中抑制色素沉着，可防止皮肤干燥、粗糙。

糙米类

田间收获的稻谷，经加工脱去谷壳后就是糙米，糙米的周围还覆盖着一层茶色的种皮。种皮与胚芽含有多种营养，尤其是含有丰富的B族维生素。一杯糙米至少可给人体提供20%的镁与硒的每日建议摄取量；其富含的膳食纤维及抗氧化物质，可以让人越吃越年轻哦。

黑糖

食用黑糖，最好是煮成黑糖水，既可消毒，又可沉淀出杂质，但要注意，一次食用量不可过多，否则会影响食欲与消化。黑糖对女性来说有缓解痛经和行血、活血的功用，所以产期、经期的妇女，喝黑糖水，可供给热量和补血，让人气色红润。

芦笋

芦笋富含纤维、维生素A、维生素C和铁质，可促进肠胃蠕动，帮助消化，很适合长期为便秘所苦的人，但有痛风病症者需少量食用。

秋葵

秋葵含有丰富的纤维及维生素A、维生素C，粘液中的成分有果胶、蛋清多糖体等，可以增强体力、整肠健胃、帮助消化、稳定排泄系统，让人活力满满。

黑芝麻

黑芝麻中的脂肪为不饱和脂肪酸和卵磷脂，可以补脑、增强记忆力，还有防止头发过早变白、脱落及美容润肤的功效，对于保持或恢复青春活力，是非常重要的食材。另外，芝麻含抗氧化元素——硒，有增强细胞功能、抑制有害物质的功效，多食有延年益寿之效。

银耳

银耳的形状像人的耳朵，色白似雪如银，故称银耳，又称雪耳。银耳含植物胶质、蛋白质、氨基酸、多糖、无机元素和B族维生素等成分，能滋阴润肺而不伤胃肠，健胃整肠又不刺激，尤其可以改善上班族长期用脑过度造成的神经衰弱，让人精神好、元气十足。

滋养元气食补　煎炒烧烩

215

石莲花

石莲花虽然口感微酸，却是纯碱性食品，对于目前吃多了大鱼大肉的现代人来说，是平衡身体酸碱值的最佳食材。石莲花富含膳食纤维、叶酸、烟碱酸、β-胡萝卜素及其他微量元素，常食对身体健康十分有益。

胡萝卜

新鲜的胡萝卜汁含有丰富的钙、磷、有机碱元素，可治疗皮肤干燥症、润泽皮肤。但即使如此，也不能拿它当开水喝，因为胡萝卜素如果摄入过量便会囤积在皮肤，让人呈现"黄疸"似的脸色。胡萝卜中的维生素A属于脂溶性的维生素，用油烹调后，可以有较好的吸收率，一般榨汁、水煮方式，维生素A吸收率则相对较差。

洋葱

洋葱含维生素C、B族维生素、蛋白质、胡萝卜素、纤维蛋清活性成分等，虽然口感有些辛辣，但食之可以让皮肤变好，又可以吸收到最强的补充体力元素的B族维生素，如此就让人有更多的动力多吃两片洋葱了。

薏米

薏米对于有青春痘、痘疮者是一种常用美容圣品，当然，令人最熟知的还是其抗癌、抗老化的作用。薏米营养价值高，可以煮成粥饭或制成各式糕点。不过要特别提醒孕妇或习惯性流产者不宜单食薏米，否则可能会导致流产。

莲藕

莲藕含维生素C及丰富的铁质等，对人体有什锦性的功能，尤其对消除神经疲劳，缓解自主神经失调、失眠都有帮助，好的睡眠品质才是第二天精神活力的保证。

竹笋

竹笋富含膳食纤维、蛋白质、碳水化合物、氨基酸、维生素B、维生素C和草酸等，具有高蛋清、低脂肪、低淀粉、多纤维的特点，食之可减少体内脂肪积蓄，促进食物发酵，帮助消化和排泄。

苦瓜

苦瓜的食用部位为果实，果肉含丰富的维生素B、维生素C及苦瓜素等，火气大的人可以多吃以降火气，恢复身体机能健康。苦瓜选购要诀：颜色愈深、果粒愈密，苦味愈浓；白苦瓜宜选瓜面洁白的，绿苦瓜则以瓜面呈现不过熟的绿色、果体端正、无蜂虫叮咬结疤、结实不柔软、果面完整不塌陷腐烂者为佳。

鸡蛋

鸡蛋一直以来就是很补的食材，在早期生活很艰苦的时候，就有产妇在月子期间利用蛋料理来补身子。鸡蛋之所以可以拿来当补身的食材，原因就在于其富含的蛋白质及多种矿物质和维生素等，且人体的吸收率高达99%。如果拿土鸡蛋与大豆一起料理，还可以提高大豆蛋白质的利用率，使人体更易于吸收。

307 漾彩芋条

材料

土豆	70克
紫山药	80克
胡萝卜条	65克
小黄瓜	55克
黑木耳	25克
猪肉丝	70克
香菇丝	25克
蒜片	25克
葱	20克

调味料

盐	5克
淡色酱油	6毫升
蔬菜高汤	400毫升

做法

1. 把土豆、紫山药、胡萝卜皆削去外皮并切成条；小黄瓜洗净切成条；黑木耳切成丝；葱洗净切丝备用。
2. 热锅，加入少许色拉油，先放入蒜片炒香，再加入做法1的所有材料与猪肉丝、香菇丝及所有调味料翻煮约10分钟，至所有食材熟透时起锅，最后放上葱丝即可。

308 刺参香菇笋

材料

刺参	400克
小排骨	400克
干香菇	30克
竹笋	600克
水	2300毫升

沾酱

盐	12克
香油	3毫升

做法

1. 刺参、小排骨分别放入沸水中汆烫去脏污及血水，捞出后洗净并切成块备用。
2. 干香菇洗净，以冷水泡至软，捞出；竹笋剥皮、洗净、切块备用。
3. 将刺参、小排骨、竹笋块、干香菇与水、盐一起放入电锅内锅中，外锅放0.8~1杯水煮约30分钟，开盖后加入数滴香油即可。

养生也能好美味

刺参，是海参类中的一种。海参是所有海鲜类中胆固醇含量最低的一种食材，且富含蛋白质，每100克热量也才55千卡，是十分适合减肥族的食材，因为其在控制饮食的同时，也必须选择低热量的其他食物补充身体养分。

309 香根嫩豆腐

材料

珠贝	40克
香菇	15克
小白菜	80克
豆花	150克
鲜虾	80克
猪肉丝	65克
香菜根	8克

调味料

盐	10克
香油	5毫升
蔬菜高汤	1000毫升

做法

1. 将珠贝、香菇分别洗净后以冷水泡软备用。
2. 将香菇切成丝；小白菜洗净后切成段；鲜虾洗净去壳备用。
3. 将所有调味料一起煮至沸腾，再放入珠贝、香菇、小白菜、鲜虾与猪肉丝、香菜根煮沸至熟，起锅后倒入豆花碗中品尝即可。

310 麻油炒羊肉

材料

羊肉片	200克
芥蓝	100克
老姜丝	10克
麻油	1小匙
水	50毫升
米酒	10毫升

调味料

盐 ············· 1/4小匙

做法

1. 芥蓝洗净,去除粗丝后切段,备用。
2. 羊肉片略洗净,放入沸水中汆烫10秒后捞起沥干水,备用。
3. 热锅,倒入麻油,放入老姜丝煎至微黄且有香味,先放入芥蓝梗略炒,再放入水与芥蓝叶,翻炒至约六分熟。
4. 锅中放入羊肉片和米酒,以大火快炒至熟后加入盐拌匀即可。

311 麻油面线

材料

面线	30克
麻油	10克
老姜	3片
枸杞子	少许

做法

1. 老姜切丝;面线放入沸水中煮熟后捞起沥干水,备用。
2. 热锅,倒入麻油,放入老姜丝、枸杞子炒香,再将煮熟的面线放入锅中拌匀即可。

养生也能好美味

此道餐点的麻油也可以用苦茶油替代,如果体质比较燥热的人可直接用茶油,以免上火。

312 香油煎花蟹

＊材料＊

花蟹（中型）……2只
姜片……………50克
水…………………300毫升

＊调味料＊

香油…………………80毫升
米酒………………100毫升
鸡粉…………………2小匙
细砂糖……………1/2小匙

＊做法＊

1. 将花蟹开壳、去鳃及胃囊后，以清水冲洗干净，并剪去脚部尾端，再切成六块备用。
2. 起一炒锅，倒入香油与姜片，以小火慢慢爆香至姜片卷曲。
3. 加入花蟹块，煎至上色后，继续加入米酒、水、鸡粉、细砂糖，盖上锅盖以中火煮约2分钟后开盖，再以大火把剩余的水分煮至收干即可。

养生也能好美味

花蟹最好选择甲壳较硬者，因为那表示它正扩充体躯准备脱壳。因此脱壳前捕获的蟹只，都能让人品尝出蟹肉的结实鲜美。

313 炒川七

材料

川七 …………… 100克
老姜 …………… 10克
麻油 …………… 5克
水 …………… 200毫升

调味料

盐 …………… 2克

做法

1. 川七洗净；老姜洗净切末，备用。
2. 热锅，以麻油将老姜末煎至微黄，再放入川七翻炒。
3. 锅中加入水，待水沸后加入盐翻炒均匀即可。

养生也能好美味

川七俗名洋落葵、藤三七，其特殊粘液中跟皇宫菜和秋葵一样有较多的水溶性膳食纤维，可帮助排便。

314 红曲圆白菜

材料

圆白菜 …………… 400克
蒜泥 …………… 10克
姜末 …………… 10克
红糟酱 …………… 30克

调味料

米酒 …………… 1大匙
鸡粉 …………… 少许

做法

1. 圆白菜洗净切片，放入沸水中汆烫一下，捞出沥干备用。
2. 取锅烧热，加入2大匙色拉油，放入蒜泥和姜末爆香。
3. 放入红糟酱和米酒炒香，再放入圆白菜片和鸡粉拌炒至入味即可。

养生也能好美味

圆白菜是常食用的青菜，富含膳食纤维，是随手可得的养生圣品，再加上活血的红曲菌，养生之效更佳。

炒红凤菜　炒红苋菜

罗勒煎蛋　香油荷包蛋

315 炒红凤菜

材料　　　　　***调味料***

红凤菜 ·········· 100克　　盐 ············· 2克
老姜 ············· 10克
麻油 ·············· 5克
水 ·············· 200毫升

做法

1. 红凤菜洗净、切段；老姜洗净、切丝，备用。
2. 热锅，以麻油将老姜丝煎至微黄，再放入红凤菜段翻炒。
3. 锅中加入水，待水沸后加入盐翻炒均匀即可。

养生也能好美味

　　很多老一辈的人说红凤菜不能晚上食用，而以中医观点来看多数蔬菜皆属凉性，建议在白天食用，可以用姜、蒜爆炒以中和其凉性，这样就无须顾忌了。

316 炒红苋菜

材料　　　　　***调味料***

红苋菜 ·········· 100克　　盐 ············· 2克
老姜 ············· 10克
麻油 ·············· 5克
水 ·············· 200毫升

做法

1. 红苋菜洗净、切段；老姜洗净，切末，备用。
2. 热锅，以麻油将老姜末煎至微黄，再放入红苋菜段翻炒。
3. 锅中接着加入水，待水沸后加入盐翻炒均匀即可。

养生也能好美味

　　苋菜分为绿跟红色两品种，紫红色的苋菜在营养价值上比绿苋菜较高，也含有较高的铁质，据悉两者差异达2.7倍。

317 罗勒煎蛋

材料　　　　　***调味料***

鸡蛋 ·············· 3个　　米酒 ············· 1小匙
罗勒 ············· 40克　　盐 ············· 1/4小匙
姜末 ············· 10克
香油 ············· 1大匙

做法

1. 将鸡蛋打散成蛋液；罗勒取嫩叶，洗净沥干后剁碎。
2. 热锅，加入香油，放入姜末、罗勒碎和调味料爆香，再倒入蛋液中拌匀。
3. 将蛋液倒入锅中煎至定型，再翻面煎至呈金黄色起锅即可。

养生也能好美味

　　如果觉得要罗勒剁碎太费时费力，可以放入果汁机中打碎，但这样的做法会产生较多水分，因此打碎后要沥掉水分，以免煎蛋不成形。

318 香油蛋包汤

材料

鸡蛋 ·············· 2个
老姜丝 ············· 10克
当归 ·············· 3克
枸杞子 ············· 5克
麻油 ············· 1小匙
米酒 ············· 20毫升
沸水 ············· 250毫升

做法

1. 热锅，以麻油把老姜丝煎香，再加入沸水、当归和枸杞子。
2. 将鸡蛋打入沸水中略煮即成蛋包，煮熟后加入米酒即可。

养生也能好美味

　　鸡蛋的蛋清中含有生物利用率高的蛋白质，蛋黄中含有卵磷脂、维生素等营养。与其担心鸡蛋造成的胆固醇问题，不如担心肉类中饱和脂肪对血脂肪与胆固醇的影响，减少食用鸡蛋跟降低胆固醇并没有直接关系，这一点已经由国外不少研究证实。

<u>319</u> 香油米血

＊材料＊

米血	350克
麻油	2大匙
姜丝	适量
市售高汤	700毫升
米酒	100毫升
嫩姜丝	少许

＊调味料＊

盐	1/4小匙
鸡粉	少许

＊做法＊

1. 米血略冲水沥干，切片备用。
2. 取锅烧热，加入2大匙麻油，放入姜丝爆香。
3. 加入市售高汤煮至滚沸后，放入米血块煮软。
4. 加入米酒和所有调味料拌匀，放上嫩姜丝即可。

养生也能好美味

用麻油炒老姜，有去寒保暖、加强新陈代谢、活化内脏的功效，再加上用鸭血做成的米血，补血调血，更具温补之效。

320 麻油桂圆干

＊材料＊

桂圆肉 ············ 150克
老姜丝 ·············15克
麻油 ··············2小匙

＊做法＊

1.起锅，倒入麻油，放入老姜丝以微火拌炒至姜丝略卷曲。
2.加入桂圆肉拌炒均匀至麻油略收干即可。

养生也能好美味

此甜点属性比较温热，建议微量分次食用，以避免大量食用上火，燥热体质可将香油改为茶油，或用金枣干来取代桂圆。

321 红烧当归杏鲍菇

＊材料＊

杏鲍菇 ··········300克
胡萝卜 ···········50克
姜 ···············20克
水 ··············100毫升

＊调味料＊

素蚝油 ···········1大匙
糖 ···············1小匙

＊中药材＊

当归 ··············2片
枸杞子 ···········10克
山药 ·············15克
桂枝 ··············5克
红枣 ··············5颗

＊做法＊

1.杏鲍菇洗净，切成滚刀块；胡萝卜、姜洗净切片备用。
2.杏鲍菇放入锅中干煸至出水。
3.将水煮沸后，把桂枝、红枣、山药、当归和胡萝卜片、姜片一起放入，加上所有调味料煮20分钟。
4.起锅前加入杏鲍菇和枸杞子即可。

养生也能好美味

杏鲍菇很会吸油，所以用干煸的方式加热，既可以逼出多糖体又不会增加热量。

322 腰花彩带

＊材料＊
猪腰1付、嫩姜丝75克、红辣椒丝15克、香菜45克

＊调味料＊
甜酱油65毫升、蒜蓉35克、姜茸15克、香油15毫升

＊做法＊
1. 猪腰先切花片，再以流动的清水浸洗至无异味。
2. 把猪腰放入沸水中氽烫6~7分钟至熟，捞出立即放入冰水中冷却，再捞出沥干水分。
3. 把所有调味料混合拌匀成淋酱。
4. 将嫩姜丝、红辣椒丝、香菜混合好垫在盘底，排入腰花，再淋上淋酱即可。

养生也能好美味

猪腰含丰富的蛋白质、维生素A、硫胺素、核黄素、抗坏血酸、钙、磷、铁等营养素，唯一要注意的就是胆固醇含量比肉类较高一些，有高血压、冠心病的人必须注意食用分量，不宜过多。

323 五味芽菜

＊材料＊

海带芽	60克
黄花菜	35克
胡萝卜	45克
洋葱	30克
小黄瓜	45克
嫩姜	20克

＊调味料＊

盐	4克
糖	3克
香油	10毫升
陈醋	8毫升

＊做法＊
1. 海带芽、黄花菜洗净后以冷水泡开，胡萝卜切丝，一起加入沸水锅中氽烫约2分钟再捞出沥干水分备用。
2. 洋葱、小黄瓜、嫩姜皆切成丝备用。
3. 在做法1与做法2的材料中加入所有调味料拌匀即可，放入冷藏中冰凉再食用更美味。

324 香油拌红苋菜

红苋菜	300克	米酒	1大匙
香油	2大匙	盐	1/4小匙
姜末	10克		
水	2大匙		
熟白芝麻	5克		

调味料

做法

1. 红苋菜去头洗净，放入沸水中略汆烫后，捞起沥干切段盛盘。
2. 热锅，先加入香油，放入姜末爆香后，再加入米酒和水煮匀，最后加入盐拌匀即成汤汁备用。
3. 将汤汁淋入红苋菜上，再撒上熟白芝麻即可。

养生也能好美味

红苋菜比一般的苋菜要细嫩，可炒食、煮汤，也可如本道做法，稍烫切短凉拌，均清爽可口，易于消化吸收。

325 杏仁姜片圆白菜

材料

圆白菜	400克	盐	1/4小匙
熟杏仁片	20克	糖	少许
胡萝卜片	15克		
姜片	15克		

调味料

做法

1. 圆白菜洗净切片。
2. 热锅，加入2大匙油，放入杏仁片以小火炒香，取出备用。
3. 锅中放入姜片爆香，再放入圆白菜和胡萝卜片拌炒至微软。
4. 加入杏仁片和调味料炒匀即可。

326 蒜头蒸鸡

材料

鸡腿块 ············600克
蒜头 ··············100克

调味料

盐 ···············1/2小匙
白胡椒粉 ·········少许
米酒 ············100毫升

做法

1.鸡腿块洗净，放入容器中备用。
2.在鸡腿块中加入所有的调味料混匀，腌约30分钟备用。
3.取一张锡箔纸，放入腌鸡块和蒜头后，再取1张锡箔纸盖上，将锡箔纸四边包紧。
4.放入蒸锅中蒸约1小时即可。

养生也能好美味

大蒜风味浓郁，有杀菌功能，可促进血液循环，用锡箔纸和肉类一起料理，蒜味十足，也有生津开胃之效。

1

2

3

4

5

6

7

8

327 红糟羊肉

＊材料＊
羊肉块 …………600克
姜片 ……………40克
红糟酱 …………60克
菠菜 ……………适量
水 ………………50毫升
麻油 ……………2大匙

＊调味料＊
米酒 ……………2大匙
细砂糖 …………1小匙

＊做法＊
1.羊肉块洗净，沥干备用。
2.将羊肉块放入沸水中迅速汆烫一下，捞起备用。
3.取锅烧热，放入2大匙麻油，再放入姜片爆香。
4.接着放入羊肉块炒3分钟，加入红糟酱和所有调味料拌炒。
5.加入水煮至滚沸，倒入电锅内锅中，外锅加2杯水，待开关跳起，焖5分钟，外锅再加2杯水煮至开关跳起，再拌入汆烫好的菠菜叶即可。

养生也能好美味
羊肉性温，补中益气，自古就被认为是温补的良品，多吃羊肉可改善虚劳寒冷，再添加天然的红曲菌，更能抗氧化、抗疲劳，相当符合现代人的养生理念。

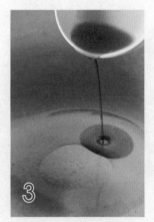

山药蒸鱼片　姜丝枸杞金瓜

人参鸡腿饭　红曲鸡肉饭

328 山药蒸鱼片

＊材料＊

鲷鱼片	200克
山药	40克
枸杞子	10克
姜丝	少许
葱丝	少许

＊调味料＊

米酒	少许
盐	少许
鲣鱼酱油	少许

＊做法＊

1. 将鲷鱼片洗净切块，均匀抹上米酒和盐。
2. 将山药磨成泥，加入枸杞子和鲣鱼酱油拌匀，抹在鲷鱼片上。
3. 将鲷鱼片盛盘，放入蒸笼，大火蒸5~8分钟，蒸熟后取出，撒上姜丝和葱丝即可。

养生也能好美味

直接选用生鲜超市真空包装的鲷鱼片，可以省去处理的麻烦步骤，且鲷鱼片几乎无刺、无腥味，是一道适合小孩子食用的营养料理。

329 姜丝枸杞金瓜

＊材料＊

南瓜	150克
枸杞子	5克
姜	10克

＊调味料＊

盐	1小匙
鸡粉	1/2小匙
水	50毫升

＊做法＊

1. 南瓜去籽切大块；姜切丝备用。
2. 将南瓜放入盘中，加入姜丝、枸杞子及所有调味料。
3. 放入蒸锅中，以大火蒸约7分钟即可。

养生也能好美味

选购南瓜时，以形状整齐、瓜皮呈金黄色而有油亮的斑纹、无虫害者为佳。南瓜表皮干燥坚实，有瓜粉，能久放于阴凉处，且农药用量较少。

330 人参鸡腿饭

＊材料＊

小薏米	50克
白米	300克
鸡腿（大）	1支
人参须	15克
黄芪	10克
红枣	8颗
枸杞子	少许
米酒	60毫升
水	350毫升

＊做法＊

1. 小薏米洗净，泡水约3小时，再沥干水备用；白米洗净，沥干备用。
2. 鸡腿洗净，放入沸水中汆烫去除血水，再捞出冲水沥干。
3. 人参须、黄芪、红枣和枸杞子皆洗净，备用。
4. 将做法1、做法2、做法3的材料、水和米酒放入电锅内锅中，再放入电锅，于外锅加2杯水，煮至开关跳起，焖5~10分钟即可。

331 红曲鸡肉饭

＊材料＊

鸡胸肉	150克
胚芽米	150克
红曲米	5克
白米	200克
姜末	20克
水	400毫升

＊调味料＊

米酒	3大匙
红曲酱	1小匙
盐	少许
糖	少许
香油	1小匙

＊做法＊

1. 胚芽米洗净，泡水约3小时，再捞起沥干水；白米洗净沥干，备用。
2. 鸡胸肉洗净、切丝。
3. 热锅，加入2大匙油，放入姜末，以小火爆香姜末至微干，再放入鸡胸肉丝炒至颜色变白。
4. 锅中加入红曲酱炒香，加入米酒，再放入盐、糖和香油拌匀后盛起备用。
5. 将胚芽米、白米放入电锅内锅中，再加入水和红曲米拌匀，放入电锅中，于外锅加入1杯水，煮至开关跳起，焖约5分钟。
6. 加入鸡肉丝，于电锅外锅再加入1/2杯水，继续煮至开关跳起即可。

332 香油鸡饭

材料

糙米 ·············· 150克
长糯米 ············ 50克
白米 ·············· 250克
土鸡肉块 ·········· 600克
姜片 ·············· 40克
香油 ·············· 2大匙
米酒 ·············· 100毫升
水 ················ 400毫升
葱丝 ·············· 少许

调味料

盐 ················ 少许

做法

1. 土鸡肉块洗净，放入沸水中汆烫去除血水，再捞起冲水、沥干。
2. 糙米洗净，泡水约5小时后沥干；白米、长糯米各洗净沥干，备用。
3. 热锅，加入2大匙香油，放入姜片炒至微卷曲，再放入土鸡肉块拌炒至香味散出，最后加入米酒炒至略收干，盛出备用。
4. 将糙米、白米、长糯米、做法3的材料和水放入电锅内锅中，于外锅加入2杯水，盖上锅盖，煮至开关跳起，焖5~10分钟，最后加入少许盐和葱丝拌匀即可。

养生也能好美味

热腾腾的香油鸡汤虽然补身好喝，但也有许多人不喜欢鸡汤油腻的口感，不妨试着煮煮这道香油鸡饭；不仅补身，搭配着饭吃一点也不会觉得油腻，只有满口香油的香气。

333 香油鸡

＊材料＊

土鸡肉块·········900克
姜片·············50克
水···············900毫升
米酒·············300毫升
香油·············3大匙

＊调味料＊

盐···············1/2小匙
冰糖·············1/2小匙

＊做法＊

1. 将土鸡肉块洗净，汆烫备用。
2. 热锅后加入香油，放入姜片炒至微焦，再放入土鸡肉块，炒至变色后先加入米酒炒香，再加入水煮沸，转小火煮30分钟。
3. 加入所有调味料煮匀即可。

235

334 红糖香油鸡

材料

土鸡	1/2只
姜	1块
香油	2大匙
红糟酱	5大匙
热开水	1500毫升
米酒	150毫升

调味料

鸡粉	1/2小匙
冰糖	1小匙

做法

1. 土鸡洗净、切块；姜切片，备用。
2. 热锅，加入香油，再放入姜片，用小火慢慢炒至微焦，再加入鸡块炒至颜色变白，并加入红糟酱炒香。
3. 锅中倒入米酒、1500毫升的热开水煮沸，转小火继续煮约20分钟，再加入所有调味料拌匀，煮至入味即可。

335 老姜鸭

＊材料＊

鸭肉	900克
老姜	80克
圆白菜	200克
金针菇	40克
松茸菇	40克
美白菇	40克
米酒	100毫升
水	1500毫升
香油	3大匙

＊调味料＊

盐	1/2小匙

＊做法＊

1. 鸭肉洗净剁块；老姜洗净拍扁；圆白菜洗净；菇类去蒂头洗净备用。
2. 将鸭肉块汆烫一下，捞出沥干，放入电锅内锅中备用。
3. 热锅后加入香油和老姜爆香，加入水煮沸后再放入米酒。
4. 将做法3的材料、圆白菜和菇类倒入内锅中，外锅放3杯水，按下电锅开关，煮至开关跳起，加入盐再焖10分钟即可。

养生也能好美味

原本姜母鸭的食材只有鸭肉及老姜，但因应现代人吃饭时习惯的丰富性，后渐渐加入许多蔬菜、菇类以及火锅料，在烹煮的时候依照个人喜好选择加入即可。

336 牛蒡炖羊肉

材料

羊肉600克、牛蒡100克、胡萝卜80克、姜片10克、桂皮5克、月桂叶3克、甘蔗头50克、水1200毫升

调味料

米酒50毫升、酱油50毫升、冰糖1小匙

做法

1. 将羊肉洗净切块，略为汆烫；牛蒡、胡萝卜洗净去皮切块，备用。
2. 热锅，加入油，放入姜片和甘蔗头爆香，再加入羊肉块炒2分钟。
3. 放入月桂叶、桂皮和米酒炒匀，再放入酱油、冰糖和水，煮沸后转小火煮40分钟。
4. 放入牛蒡和胡萝卜，继续煮20分钟即可。

养生也能好美味

牛蒡是富含各种维生素和纤维的养生圣品，有许多不同的料理方式，无论是凉拌、炒菜或是炖煮，其清爽的口感也可以缓和肉类的重口味。

337 姜丝羊肉片汤

＊材料＊

羊肉片150克、小白菜50克、枸杞子5克、当归5克、姜片15克、姜丝少许、水500毫升、香油2大匙

＊调味料＊

盐1/4小匙、鸡粉1/4小匙、米酒1大匙

＊做法＊

1. 小白菜洗净切段，氽烫备用。
2. 热锅，加入香油，放入姜片以小火爆香，再加入枸杞子、当归和水煮至水沸，取出姜片和当归。
3. 锅中加入羊肉片煮至变色，再加入调味料煮匀，最后加入小白菜和姜丝即可。

养生也能好美味

小白菜口感好、滋味佳，叶片也不会像其他叶菜类一样又软又容易破损。另外小白菜还含有维生素与各种营养，有益于牙齿与骨骼的健康。

338 红烧羊骨汤

＊材料＊

羊大骨1200克、姜片30克、水2800毫升、米酒200毫升

＊调味料＊

辣豆瓣酱2大匙、酱油1大匙、盐1小匙、冰糖1/2小匙、鸡粉少许

＊中药材料＊

草果3粒、桂皮15克、花椒10克、丁香10克、陈皮10克

＊做法＊

1. 羊大骨洗净，放入沸水中氽烫约8分钟，捞出冲水沥干，放入锅中备用。
2. 中药材料洗净沥干备用。
3. 取锅烧热，加入少许色拉油（材料外），放入姜片爆香，加入辣豆瓣酱炒香，再加入酱油和水煮至滚沸后，倒入做法1的锅中。
4. 放入所有的中药材料，煮至再度滚沸后，改转小火煮约90分钟。
5. 加入盐、冰糖和鸡粉调味，继续煮10分钟即可。

339 栗子红枣炖肉

＊材料＊

梅花肉 …………… 400克
栗子 ………………… 120克
姜片 ………………… 10克
红枣 ………………… 10颗
水 …………………… 1000毫升

＊调味料＊

淡酱油 …………… 1大匙
味醂 ………………… 1大匙
米酒 ………………… 2大匙
盐 ………………… 1/4小匙

＊做法＊

1.栗子洗净泡水去外皮；红枣洗净备用。
2.梅花肉洗净，切块放入装了水的锅中。
3.锅中放入红枣和其余材料，煮沸后盖上锅盖，以小火煮约30分钟。
4.再加入所有的调味料继续煮约15分钟至入味即可。

养生也能好美味

红枣强心，栗子固肾固精，又可治筋骨酸软，和肉类一起炖煮，不仅营养足，栗子和红枣的天然甜味也能增加炖肉的风味。

340 红糖卤猪脚

＊材料＊

猪脚	900克
葱	2根
蒜仁	2颗
姜	1小段
水	1500毫升

＊调味料＊

酱油	1大匙
冰糖	1大匙
米酒	100毫升
盐	少许
红糖酱	6大匙

＊做法＊

1. 猪脚洗净，放入沸水中氽汤约5分钟，再捞出冲冷水增加Q度，沥干水分后，放入油锅中，用中火炸至表面上色，再捞起沥油备用。
2. 葱洗净切段；姜洗净切片；蒜仁拍扁，备用。
3. 取一砂锅，放入做法2的材料，再排入猪脚，接着加入水与全部调味料煮沸，转小火继续煮约1小时（中途需不时翻动，避免粘锅），煮至入味即可。

注：可将氽烫过的西蓝花，加入卤好的锅中，以使成品更美观。

341 柿饼煲猪龙骨

＊材料＊

猪龙骨	600克
柿饼	2个
胡萝卜	150克
姜片	20克
水	1200毫升

＊调味料＊

米酒	50毫升
盐	1/2小匙

＊做法＊

1. 猪龙骨剁块，入锅汆烫后洗净沥干；胡萝卜洗净去皮切小块；柿饼分切小块备用。
2. 将水加入锅中，煮沸后放入做法1的材料及姜片、米酒。
3. 盖上锅盖煮沸后，改转小火炖煮约60分钟，加盐调味即可。

用电锅做

内锅水：800毫升
外锅水：3杯

将上述食谱材料（材料中的水不用加入）处理好放入内锅中，再加入800毫升水，外锅加入1杯水，按下电锅开关煮至开关跳起后，等约5分钟让电锅稍稍变凉，再在外锅加入1杯水，按下电锅开关煮至开关跳起，再重复一次上述步骤，最后加入全部调味料拌匀即可。

342 马蹄茅根炖猪心

材料

猪心片·············300克
茅根·············15克
马蹄·············6颗
姜丝·············10克
枸杞子·············10克
水·············800毫升

调味料

米酒·············30毫升
盐·············1/2小匙

做法

1. 猪心片入锅汆烫后，捞起洗净沥干；茅根及枸杞子略冲洗后沥干；马蹄去皮洗净，备用。
2. 将水加入锅中，煮沸后放入做法1的材料及姜丝、米酒。
3. 盖上锅盖煮沸后，转小火炖煮约30分钟，加盐调味即可。

用电锅做

内锅水：400毫升
外锅水：2杯

　　将上述食谱材料（材料中的水不用加入）处理好放入内锅中，再加入400毫升的水，外锅加入1杯水，按下电锅开关煮至开关跳起后，等约5分钟让电锅稍变凉，于外锅再加入1杯水，按下电锅开关煮至开关跳起，再加入全部调味料拌匀即可。

材料

猪舌·············1条
白萝卜·············200克
萝卜干·············60克
蜜枣·············4颗
姜片·············20克
水·············800毫升

调味料

米酒·············50毫升
盐·············1/2小匙

做法

1. 猪舌分切成适当大小的块；白萝卜去皮切块；萝卜干冲洗沥干、分切成大块备用。
2. 将水加入锅中，煮沸后放入做法1的材料及蜜枣、姜片、米酒。
3. 盖上锅盖煮沸后，转小火炖煮约40分钟，加入盐调味即可。

用电锅做

内锅水：600毫升
外锅水：2杯

　　将上述食谱材料（材料中的水不用加入）处理好放入内锅中，再加入600毫升的水，外锅加入1杯水，按下电锅开关煮至开关跳起后，等约5分钟让电锅稍变凉，于外锅再加入1杯水，按下电锅开关煮至开关跳起，加入全部调味料拌匀即可。

343 金银菜煲猪舌

344 南北杏猪尾汤

材料

猪尾	650克
南杏	10克
北杏	10克
胡萝卜	60克
玉米	150克
姜片	20克
水	1500毫升

调味料

米酒	50毫升
盐	1/2小匙

做法

1. 猪尾切块入锅汆烫后洗净沥干；南杏及北杏略冲洗沥干；胡萝卜洗净去皮切块；玉米洗净分切小段备用。
2. 将水加入锅中，煮沸后放入做法1的材料及姜片、米酒。
3. 盖上锅盖煮沸后，转小火炖煮约60分钟，加盐调味即可。

用电锅做

内锅水：800毫升
外锅水：3杯

　　将上述食谱材料（材料中的水不用加入）处理好放入内锅中，再加入800毫升的水，外锅加入1杯水，按下电锅开关煮至开关跳起后，等约5分钟让电锅稍变凉，于外锅再加入1杯水，按下电锅开关煮至开关跳起，再重复一遍上述步骤，最后加入全部调味料拌匀即可。

345 罗汉果排骨汤

＊材料＊

排骨 ················· 600克
罗汉果 ··············· 1/2颗
陈皮 ·················· 5克
姜片 ·················· 20克
水 ·················· 800毫升

＊调味料＊

米酒 ··············· 50毫升
盐 ················· 1/2小匙

＊做法＊

1. 排骨略冲洗剁块，入锅氽烫后洗净沥干；陈皮及罗汉果略冲洗沥干备用。
2. 将水加入锅中，煮沸后放入做法1的材料及姜片、米酒。
3. 盖上锅盖煮沸后，转小火炖煮约60分钟，加盐调味即可。

内锅水：600毫升
外锅水：3杯

用电锅做

将上述食谱材料（材料中的水不用加入）处理好放入内锅中，再加入600毫升的水，外锅加入1杯水，按下电锅开关煮至开关跳起后，等约5分钟让电锅稍变凉，于外锅再加入1杯水，按下电锅开关煮至开关跳起，再重复一遍上述步骤，最后加入全部调味料拌匀即可。

滋养元气食补

炖卤汤品

346 雪耳椰汁煲鸡汤

＊材料＊

鸡肉·············500克
银耳·············10克
椰汁·············400毫升
姜片·············15克
水···············400毫升

＊调味料＊

米酒·············50毫升
盐···············1/2小匙

＊做法＊

1. 银耳洗净，泡水30分钟后沥干。
2. 将水和椰子汁加入锅中，煮沸后放入银耳、鸡肉、姜片、米酒。
3. 盖上锅盖煮沸后，转小火炖煮约50分钟，再加入盐调味即可。

用电锅做

内锅水：600毫升
外锅水：2杯

　　将上述食谱材料（材料中的水不用加入）处理好放入内锅中，再加入600毫升的水，外锅加入1杯水，按下电锅开关煮至开关跳起后，等约5分钟让电锅稍变凉，于外锅再加入1杯水，按下电锅开关煮至开关跳起，再加入全部调味料拌匀即可。

347 冲绳黑毛

* 材料 *

黑毛梅花猪肉		冲绳黑糖	25克
	500克	甜酱油露	95克
葱	90克	荫油	20毫升
蒜蓉	60克	米酒	20毫升
老姜	10克	盐	6克
八角	1粒	水	1800毫升

* 做法 *

1. 将黑毛梅花猪肉切成块，放入沸水中汆烫去脏污及血水，即捞出备用。
2. 葱洗净切成段；老姜切成片备用。
3. 热锅，加入15毫升色拉油，放入葱段、蒜蓉、老姜片炒香起锅。
4. 将猪肉块、八角、所有调味料及做法3的所有材料一起放入电锅内锅中，外锅放2杯水，按下开关煮至猪肉块熟透柔软即可。

养生也能好美味

用电锅炖煮肉类实在很方便，若家中没电锅也没关系，用瓦斯炉熬炖（约煮90分钟）一样可以，不过，要注意水量必须比电锅用量多一些，否则可能会烧糊。

247

348 润肤莲藕

＊材料＊

莲藕400克、排骨400克、糙米150克、红豆80克、葱花10克、红辣椒圈10克

＊调味料＊

盐10克、香油5毫升、红葱酥5克、水2300毫升

＊做法＊

1.将所有材料分别洗净备用。
2.糙米以清水浸泡约2小时，莲藕削皮后切成块，排骨切成块备用。
3.把糙米、莲藕、排骨、红豆与水一起放入电锅内锅中，外锅加0.8~1杯水，煮20~25分钟至软透。
4.起锅前加入其他调味料与葱花、红辣椒圈拌匀即可。

养生也能好美味

莲藕是夏天的食材，含水分77.9%，碳水化合物19.8%，并含有丰富的B族维生素、维生素C等。藕经过蒸熟后，颜色由白变紫，虽然失去了生吃的消瘀涤热的功效，但却变得对脾胃有益，有养胃滋阴的作用。

349 四珍胶香

＊材料＊

鸡腿……………200克
竹荪……………45克
莲子……………45克
蘑菇……………65克
发菜……………20克
琼脂……………20克
蔬菜高汤…2000毫升

＊调味料＊

盐………………10克

＊做法＊

1.把竹荪、莲子、蘑菇、发菜分别洗净，其中竹荪、蘑菇氽烫后备用；琼脂剪成小段后，以清水泡软再沥干水分备用；鸡腿洗净后切成块备用。
2.起一锅，加水煮后，将鸡腿块、琼脂一起煮12~15分钟至熟。
3.锅中加入做法1剩余材料及盐煮沸即可。

350 珍素燕窝

材料

银耳 ················· 65克
枸杞子 ··············· 20克
百合 ················· 95克
莲子 ················· 40克

调味料

水 ················· 1000毫升
冰糖 ················· 80克

做法

1. 枸杞子、银耳、莲子分别洗净后，以冷水浸泡至软，并沥干水分捞出备用。
2. 将泡软的银耳一一去蒂头，并分成小朵备用。
3. 将百合一片片洗净后备用。
4. 取一汤锅，加入水煮沸后，放入莲子煮约10分钟让莲子变软，再放入冰糖、枸杞子、银耳一起煮至沸腾，熄火后加入百合即可。

养生也能好美味

干百合是用新鲜百合的地下鳞茎干制而成，味甘，性微寒，含丰富的蛋白质、脂肪、钙、磷、铁及多种生物碱，有润肺止咳、补血气、利尿、安神等功能，是一种很好的食疗食品。

滋养元气食补

炖卤汤品

351 猪肝汤

<table>
<tr><td>＊材料＊</td><td>＊调味料＊</td></tr>
<tr><td>猪肝·············200克</td><td>盐·············1/4小匙</td></tr>
<tr><td>老姜丝·············10克</td><td></td></tr>
<tr><td>麻油·············1小匙</td><td></td></tr>
<tr><td>葱花·············5克</td><td></td></tr>
<tr><td>米酒·············2大匙</td><td></td></tr>
<tr><td>水·············400毫升</td><td></td></tr>
</table>

＊做法＊

1. 猪肝切薄片洗净，加入1大匙米酒拌匀腌渍去腥。
2. 将水煮沸，加入老姜丝、猪肝片，再加入1大匙米酒煮沸且将猪肝煮熟。
3. 加入盐拌匀调味，淋入麻油、撒上葱花略煮即可熄火。

352 芥菜胡椒牛肉汤

<table>
<tr><td>＊材料＊</td><td>＊调味料＊</td></tr>
<tr><td>牛肋条·············300克</td><td>米酒·············50毫升</td></tr>
<tr><td>芥菜心·············200克</td><td>盐·············1/2小匙</td></tr>
<tr><td>胡椒·············5克</td><td>细砂糖·············1/2小匙</td></tr>
<tr><td>姜丝·············10克</td><td></td></tr>
<tr><td>水·············1000毫升</td><td></td></tr>
</table>

＊做法＊

1. 牛肋条切小块，入锅氽烫后洗净沥干；芥菜心切小块后冲洗沥干备用。
2. 将水加入锅中，煮沸后放入牛肋条块、芥菜心块及蜜枣、姜片、米酒。
3. 盖上锅盖煮沸后，转小火炖煮约1小时，再加入盐和细砂糖调味即可。

用电锅做

内锅水：600毫升
外锅水：3杯

　　将上述食谱材料（材料中的水不用加入）处理好放入内锅中，再加入600毫升的水，外锅加入1杯水，按下电锅开关煮至开关跳起后，等约5分钟让电锅稍变凉，于外锅再加入1杯水，按下电锅开关煮至开关跳起，再次重复一遍上述步骤，最后加入全部调味料拌匀即可。

353 核桃栗子牛腩汤

＊材料＊

牛腩……………300克
桂圆肉……………15克
核桃……………40克
去壳鲜栗子……100克
姜片……………10克
水………………1000毫升

＊调味料＊

米酒……………50毫升
盐………………1/2小匙
细砂糖…………1/2小匙

＊做法＊

1. 核桃及栗子略冲洗沥干备用。
2. 将水加入锅中，煮沸后放入核桃、栗子及牛腩块、桂圆肉、姜片、米酒。
3. 盖上锅盖煮沸后，转小火炖煮约1小时，再加入盐和细砂糖调味即可。

内锅水：600毫升
外锅水：3杯

将上述食谱材料（材料中的水不用加入）处理好放入内锅中，再加入600毫升的水，外锅加入1杯水，按下电锅开关煮至开关跳起后，等约5分钟让电锅稍变凉，于外锅再加入1杯水，按下电锅开关煮至开关跳起，再重复一遍上述步骤，最后加入全部调味料拌匀即可。

354 麻油鱼汤

材料

海鲈鱼	1尾
老姜片	5片
麻油	1/2小匙
水	600毫升

调味料

肉桂粉	微量
盐	少许

药材

当归	1片
黄芪	5克

做法

1. 将海鲈鱼的鱼鳞、鱼鳃、内脏去除，彻底洗净，斜切成2段，备用。
2. 当归、黄芪洗净，备用。
3. 将当归、黄芪和水加入锅中，一起煮沸。
4. 另取锅，以香油将老姜片爆香，再放入海鲈鱼肉，以小火将其双面煎2~3分钟。
5. 将做法3的热汤倒入做法4的锅中，待再次煮沸后加入盐跟肉桂粉熄火即可。

养生也能好美味

鲜鱼的蛋白质属于优质蛋白质；海中的中小型鱼较不会有重金属污染的食物链问题；本道菜亦可用乌鱼代替。

355 牛蒡补气煲

＊材料＊

牛蒡·················150克
胡萝卜···············30克
白菜·················60克
冻豆腐·················2块
金针菇···············30克
鲜香菇·················3朵
水················800毫升

＊调味料＊

盐··················1大匙
糖··················1小匙

＊药材＊

黄芪·················12克
人参须···············10克
红枣·················6颗

＊做法＊

1. 所有材料洗净；牛蒡、胡萝卜去皮切片；白菜切段；每块冻豆腐切成4小块；鲜香菇洗净去梗；金针菇洗净切除根部。
2. 取一汤锅，放入800毫升水煮沸，放入做法1的所有材料煮沸，继续放入药材，加盖以小火焖煮5~6分钟，加入调味料拌匀即可。

养生也能好美味

牛蒡含有大量的膳食纤维和绿原酸，能健胃整肠；预防便秘；黄芪则具有补气、调节血压等功效，很适合气虚体弱、精神萎靡的人冬季温补。

炖卤汤品

<u>356</u> 蔬食豆腐养神煲

材料

莲藕⋯⋯⋯⋯60克
土豆⋯⋯⋯⋯40克
胡萝卜⋯⋯⋯30克
豆腐⋯⋯⋯⋯40克
杏鲍菇⋯⋯⋯80克
水⋯⋯⋯800毫升

调味料

盐⋯⋯⋯⋯1大匙

药材

何首乌⋯⋯⋯40克
人参须⋯⋯⋯20克
茯苓⋯⋯⋯⋯2片

做法

1.莲藕、土豆、胡萝卜都洗净去皮；杏鲍菇、豆腐洗净，备用。

2.莲藕、胡萝卜切成片；土豆、杏鲍菇切滚刀块，豆腐切厚片。

3.取一汤锅，放入800毫升水煮沸，放入莲藕片、胡萝卜片和土豆块煮熟。

4.继续放入豆腐片、杏鲍菇块和所有药材，加盖以小火焖煮5~6分钟，起锅前加盐调味即可。

357 香油白菜温补煲

＊材料＊
长白菜250克、杏鲍菇100克、素鸭肉100克、老姜30克、香油3大匙、水1200毫升

＊调味料＊
酱油2大匙

＊药材＊
枸杞子5克

＊做法＊
1. 长白菜、杏鲍菇、素鸭肉洗净；长白菜切段，杏鲍菇和素鸭肉切小块；老姜外皮刷洗干净，切除脏污，切片备用。
2. 起一锅，倒入香油烧热，放入老姜煎香，再放入长白菜炒软。
3. 锅中继续加入1200毫升水和做法1的其余材料煮沸，放入枸杞子，加盖以小火焖煮5~6分钟，再放入调味料拌匀即可。

养生也能好美味

香油和老姜都是热性食材，能促进气血循环，适合冬季手脚容易冰冷的人食用，有祛寒的作用，但冬季食用热性食材容易燥热上火；白菜属性偏寒，正好可以中和香油与老姜的热性，也是很适合长时间炖煮的蔬菜。

358 酒酿蛋

＊材料＊
土鸡蛋 …………… 2个
酒酿 …………… 50克
水 …………… 450毫升

＊调味料＊
冰糖 …………… 30克

＊做法＊
1. 取锅，加入适量的水（分量外）煮至滚沸后，打入土鸡蛋，以小火煮至九分熟后即成荷包蛋捞出备用。
2. 另取锅，加入450毫升的水，煮至滚沸后，加入冰糖煮匀，盛入碗中。
3. 在冰糖水中，放入煮好的荷包蛋，再加入酒酿即可。

养生也能好美味

一般我们常用酒酿来给蛋、汤圆等调味，其实在腌酱菜的时候加一点酒酿，也是非常不错的做法，可以让酱菜更加香甜可口。

359 鱼香蛋片

＊材料＊

鸡蛋	4个
葱花	65克
罗勒末	10克

＊调味料＊

盐	2克
淡色酱油	10毫升
香油	6毫升

＊鱼香汁＊

葱花	8克
姜末	8克
蒜泥	8克
辣椒末	8克
糖	6克
辣豆瓣酱	25克
猪肉泥	25克
水	75毫升

＊做法＊

1. 将蛋壳洗净擦干，打入碗内，加入罗勒末与调味料拌匀成蛋液备用。
2. 热锅，倒入香油烧热，倒入蛋液煎熟至两面呈金黄色，起锅切片、排盘。
3. 锅中放入葱花、姜末、蒜泥、辣椒末炒香，再加入其他鱼香汁材料翻煮至滚沸即为鱼香汁。
4. 将鱼香汁淋在蛋片上，最后撒上葱花即可。

360 五彩鱼条

＊材料＊

深海马鲛鱼	150克
韭黄	65克
青蒜	70克
胡萝卜	35克
辣椒丝	3克
罗勒	10克

＊调味料＊

A.酱油	20毫升
米酒	25毫升
淀粉	10克
白胡椒粉	2克
B.香油	10毫升
盐	4克

＊做法＊

1. 马鲛鱼去脊骨，鱼皮顺纹理切成粗条，擦干水分后加入调味料A拌匀备用。
2. 韭黄、青蒜洗净后切成段备用。
3. 胡萝卜削皮后切成条，放入水中烫煮2~3分钟捞出，再将马鲛鱼条放入沸水烫煮7~8分钟至熟，捞出备用。
4. 热油锅，将韭黄、青蒜、胡萝卜条及调味料B一起翻炒约2分钟至熟，熄火后加入马鲛鱼条及罗勒轻轻拌匀即可。

361 梅香扑鼻

材料

嫩猪小排·········500克

卤料

酱油	120毫升
冰糖	30克
梅子汁	80毫升
蒜蓉	55克
番茄酱	25克
水	1300毫升
陈醋	25毫升
梅林辣酱油	25毫升

做法

1. 将嫩猪小排洗净后剁成块备用。
2. 取一锅，将嫩猪小排块与所有卤料加入，并搅拌均匀。
3. 以中火卤煮30~35分钟，卤至汤汁略为收干即可。

养生也能好美味

猪肉是国人动物性蛋白质的主要来源，可以增加身体气力、补精神，且所含脂肪较多，有助长肌肉发育等功能，尤其小排附近的肉质较有弹性，多带有胶质，再加上排骨富含钙质，经过炖煮后钙质释放出来，令汤头鲜美，不仅营养更是增强活力的食材哦！

362 肉片扒玉葱

材料

香菇 ……………… 35克
洋葱 ……………… 150克
梅花猪肉片 …… 100克
香菜 ……………… 6克
葱丝 ……………… 10克
红辣椒丝 ………… 10克

柴鱼浸汁

柴鱼酱油 …… 65毫升
糖 ……………… 5克

做法

1.把香菇洗净后以冷水浸泡至软，捞出后切成丝（香菇浸汁保留）备用。

2.取65毫升香菇浸汁与糖一起加热至滚沸，倒出，待凉后与柴鱼酱油一起混合拌匀成柴鱼浸汁。

3.洋葱切成细丝后，冲冷水以洗去辛辣味，再挤干水分与柴鱼浸汁一起浸泡约30分钟。

4.将梅花猪肉片、香菇丝放入沸水中余烫6~7分钟至熟，捞出，放入做法3的浸汁内略浸入味，最后加上香菜、葱丝、红辣椒丝即可。

养生也能好美味

洋葱含维生素C、B族维生素、蛋白质、胡萝卜素、纤维蛋清活性成分等，虽然口感有些辛辣，但既可以让皮肤变好，又可以吸收到最强的补充体力元素B族维生素，这样就让人有更多的动力多吃两片洋葱了。

363 水漾芙蓉

* 材料 *

干贝 ·················12克
香菇 ·················12克
米酒 ···············10毫升
虾仁 ·················65克
鸡蛋 ···················4个

* 调味料 *

A.盐 ···················4克
香油 ···············4毫升
酱油 ···············4毫升
B.高汤 ···········480毫升

* 做法 *

1. 将干贝、香菇分别洗净，以冷水浸泡至软，加入米酒放入蒸锅中以中火蒸约15分钟至熟透，取出后将干贝撕成丝，备用。
2. 虾仁去肠泥，用盐抓洗干净备用。
3. 将鸡蛋加入调味料A后打散，再加入干贝丝、香菇、做法2的虾仁与高汤，一起用小火蒸10~12分钟至熟即可。

养生也能好美味

土鸡蛋与大豆合食，可以提高大豆蛋清的生理价值，使人体易于吸收。蛋黄是维生素A、维生素B_2、维生素B_6、维生素D的来源。蛋清含维生素较少，但含维生素B_2很多。肠胃虚弱者不宜多食，会令人腹胀。

364 脆口双笋

* 材料 *

芦笋 ·················75克
箭笋 ················100克
猪肉丝 ···············65克
红辣椒丝 ············3克

* 调味料 *

盐 ·····················6克
水 ···············150毫升
素沙茶酱 ···········20克

* 做法 *

1. 把芦笋、箭笋洗净，切成段备用。
2. 在沸水中加少许盐，放入芦笋段汆烫至熟，捞起冲冷水；箭笋放沸水中煮6~7分钟至熟透，再捞出沥干水分。
3. 锅中放入芦笋段、箭笋、红辣椒丝及所有调味料，翻炒至匀即可。

养生也能好美味

芦笋富含粗纤维，可促进肠胃蠕动，帮助消化，很适合长期为便秘所苦的人，但有痛风病症者不宜多食。

365 魔芋稻荷包

材料

稻荷豆皮·············6片
魔芋丝··············100克
小黄瓜丝············80克
海苔香松············45克

调味料

淡色酱油·········30毫升
绿芥末··············10克

做法

1.魔芋丝放入沸水中汆烫约2分钟后，捞出沥干水分备用。
2.将魔芋丝与所有调味料拌匀，填入稻荷豆皮内。
3.在稻荷豆皮口放上小黄瓜丝、海苔香松即可。

366 香拌糯米椒

材料

糯米甜椒········200克
萝卜干············30克
红辣椒············2克
吻仔鱼············80克
豆豉················20克

调味料

色拉油··········10毫升
淡色酱油········8毫升
香油··············8毫升
水··················50毫升

做法

1.把糯米甜椒、萝卜干、红辣椒分别洗净后斜切成宽片。
2.热锅，放入色拉油，再放入做法1的材料与吻仔鱼、豆豉、所有调味料，以中火快炒约2分钟至炒香、炒匀即可。

养生也能好美味

甜椒有促使皮肤光滑柔嫩的作用，每100克的果肉中热量含量不到30千卡，又富含维生素A、维生素B、维生素C与胡萝卜素等，不仅适宜减肥者食用，也是美容养颜的佳品。饮用甜椒生汁还对高血压、心脏病、腹胀、视力减退有极大帮助。此外，炒甜椒时最好以大火快炒，炒至半生半熟即可，这样养分才能大量保留。

367 彩梅串肉

＊材料＊

鸡肉⋯⋯⋯⋯300克
彩椒⋯⋯⋯⋯120克
洋葱⋯⋯⋯⋯150克

＊酱汁＊

酱油膏⋯⋯⋯75毫升
梅子汁⋯⋯⋯65毫升
糖⋯⋯⋯⋯⋯35克
香油⋯⋯⋯⋯35毫升
蒜泥⋯⋯⋯⋯25克

＊做法＊

1.把所有酱料材料搅拌均匀备用。
2.鸡肉、彩椒、洋葱分别切成块备用。
3.将做法2的材料以相间穿入的方法用竹签串起，刷上酱料即成彩椒肉串。
4.将彩椒肉串放入已预热的烤炉中，以180℃的温度烤3~5分钟至鸡肉熟透即可。

养生也能好美味

1.串烤肉用的竹签须先充分浸泡热水再串材料，这样处理过的竹签在烧烤时不容易烧断。
2.串肉类时，不能像串洋葱、彩椒那样只串中间，这样肉串还没熟其他的蔬菜就会先烤焦。肉类在串入竹签时，以螺旋状串起头尾最容易烧烤均匀。

368 红糟狮子头

材料

大白菜	600克
马蹄	3颗
猪肉泥	250克
红糟酱	2大匙
葱花	10克
洋葱花	10克
蒜泥	10克
淀粉	少许
葱段	20克
高汤	800毫升
香菜	少许

调味料

鸡粉	1小匙
盐	1/2小匙
糖	1/4小匙

腌料

酱油	1/2小匙
糖	1/2小匙
胡椒粉	少许
香油	少许

做法

1. 大白菜洗净切大片；马蹄拍扁、拍碎，备用。
2. 取一大碗，放入猪肉泥与全部腌料拌匀，腌渍约10分钟，再加入红糟酱拌匀，并摔打至有弹性。
3. 继续加入马蹄碎、葱花、洋葱花、蒜泥、淀粉，搅拌均匀至粘稠，再捏成数颗大丸子，接着放入油锅中炸至微焦，再捞起沥油，即为红糟狮子头，备用。
4. 热锅，加入2大匙色拉油，放入葱段爆香，再加入大白菜片炒软，然后加入高汤煮沸，接着放入红糟狮子头与全部调味料拌匀，煮至再次滚沸，食用前加入香菜增味即可。

369 红糟炒肉丝

材料

猪肉丝	150克	盐	少许
茭白	3支	鸡粉	1/2大匙
小黄瓜	1条	糖	少许
蒜泥	10克		
红糟酱	1又1/2大匙		
高汤	2大匙		

调味料

做法

1. 茭白去外壳、切丝；小黄瓜切丝，备用。
2. 热锅，加入2大匙色拉油，爆香蒜泥，再放入猪肉丝炒至肉色变白，续加入红糟酱炒香。
3. 于做法2的锅中放入做法1的茭白丝、高汤快炒，接着放入小黄瓜丝与所有调味料，拌炒均匀即可。

370 红糟蚬肉蒸蛋

材料

蚬	100克	盐	少许
水	500毫升	米酒	1小匙
红糟酱	1大匙	胡椒粉	少许
鸡蛋	3个		

调味料

做法

1. 蚬泡水吐沙后洗净备用。
2. 取一锅，装入500毫升的水煮沸，再放入蚬煮至张开口后熄火，待凉后去壳取出蚬肉，备用。
3. 鸡蛋打散，加入所有调味料搅拌均匀再过筛，并加入450毫升蚬汤与红糟酱拌匀，即为红糟蛋液，分装至适当容器中，装约六分满备用。
4. 取一蒸锅，待沸腾后放入做法3的蒸蛋，蒸约13分钟至凝固，再于表面放上蚬肉，并倒入适量红糟蛋液，封上保鲜膜，再入锅蒸约7分钟至熟后取出，撕除保鲜膜即可。

红糟 vs 酒糟

所谓的"糟"，是古代在酿酒后所剩下的余渣。这些渣滓原本应该是要被丢弃的，但在粮食不充足的年代，这些发酵过的米、谷类都是宝贝，所以也就被拿来添加在其他杂粮中，用于果腹。

基本上，我们比较常见的"糟"有几种——"白糟"、"红糟"与"糟油"。"白糟"是将糯米蒸熟了之后，添入酒麹发酵而成的，又称"香糟"，一般我们所说的"酒酿"就是白糟。较正统的白糟做法，利用的是"圆糯米"，做出来的白糟气味清香，且带有一种甘美的甜醇味；但有的人使用的是比较容易购买的"长糯米"，做出来的口感就没有圆糯米甘甜。"白糟"带着淡淡的酒香，简单来说，"白糟"就是米酒的半成品，冷、热皆可食用，可以入菜，也可以直接当作饮品，吃来顺口，很受大众欢迎。

甜酒酿

材料：
玻璃罐1个、水3杯、圆糯米500克、面粉1小匙、白麹1/4粒、冷开水2碗

做法：
1. 玻璃罐洗净晾干；白麹碾碎与面粉拌匀备用。
2. 糯米洗净后浸泡4~5小时（夏天2小时），再加入3杯冷开水入锅蒸熟。
3. 将蒸熟的饭倒出摊开，淋上冷开水至可使米粒分开且只有微温时，撒上做法1的材料拌匀，然后装入玻璃罐中，用饭匙压平，再用筷子在饭中间挖出一个洞，放置数天（夏天3~4天、冬天4~7天）即可食用。

Tips：
1. 制作酒酿时，最忌讳用具有油，所以容器一定要干净。
2. 在冬天制作时，可将做好的酒酿做好保暖工作（包被子或穿衣），这样发酵会较顺利。
3. 在开罐食用后，放入冰箱冷藏是最佳的保存方式。

"红糟"的做法和"白糟"类似，只是较"白糟"多添加了红曲，经过发酵、去酒汁，待一年后，就会成为带有浓浓酱香，颜色鲜红瑰丽的"红糟"，又称为"陈糟"。"红糟"的口味比较强烈，有些类似同为发酵品的豆腐乳，通常先做成"红糟卤"后，再运用在菜肴上。

至于"糟油"，可以说是"白糟"的衍生品，它利用"白糟"再加上料酒、砂糖、盐等，调配后经过煮沸而成，味道比纯的白糟要香，更适合入菜，所以很受欢迎，不论是凉拌、红烧还是热炒，都很合适。

红糟酱

材料：
圆糯米1000克、白麹1/4粒、红曲6两、冷开水1000毫升、玻璃罐1个

做法：
1. 糯米泡水6小时；白麹碾碎备用。
2. 取一干净容器，倒入冷开水、红曲、1/2分量的白麹浸泡备用。
3. 用蒸锅将糯米蒸熟，再倒出用筷子摊开，待稍凉后加入做法2的材料拌匀。
4. 将做法3的材料填入干净的玻璃罐中，用饭匙压平，在上面撒上剩余1/2分量的白麹，先盖一层塑料袋，再加盖子密封，经过10天后开罐搅拌一次再密封，再经过16天后开罐搅拌一次后封罐，最后经过25~30天，有出酒现象，即可开始滤除红酒，而滤出的渣就是我们入菜用的红糟酱了。

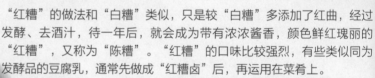

酿酒的余渣

所谓的"糟",是古代在酿酒后所剩下的余渣。这些渣滓原本应该是要被废弃的,但在粮食不充足的年代,这些发酵过的米、谷类都是宝贝,所以也就被拿来添加在其他杂粮中,用于果腹。

没想到,这样的食用方式不但没浪费食物,且还增加了美味,渐渐的,"糟"越来越受欢迎。在多年发展后,酒糟还发展出许多口味,也被拿来运用在各种料理中,让食物变得美味又有特色,甚至还成为了献给皇帝的贡品。现在,人们开始注意这项食物,也开始重视"糟"的口感,制造出多种不同风味、不同用法的酒糟。

入菜的美味所在

相信去过上海,吃过道地上海本帮菜的人都知道,上海人对于吃的习惯是很特别的。上海人吃饭的习惯,是在主菜上桌前,先点上数种开胃的小菜,如:呛蟹、糖莲藕等,其中就不乏用"红糟"腌制出来的小品。另外在甜品的部分,上海的"酒酿小汤团",味道甜而不腻,又带有淡淡幽香,更是不能错过的美食!

至于在福建马祖地区,老一辈的人很喜欢酿"老酒",在老酒酿成时,沉积在底部的红糟,就被拿来入菜。由于"红糟"不但入菜容易,而且颜色鲜红,很适合年节时的喜庆气氛,所以马祖人特别爱在过年的这段期间酿制老酒,一年一次。至于夏天,由于天气闷热,发酵的控制较困难,容易变质,所以通常不酿酒。

基本上,酒糟的料理可以分成"生糟"和"熟糟"两种。"生糟"是将未煮熟的食物以酒糟糟制,待入味后,再

加以料理,有的爆炒、有的油炸,都可以让酒糟的特色发挥出来。

"熟糟",顾名思义,也就是将熟的食物以酒糟腌制,这种制作方式上在上海、苏州一带的料理中尤其常见,通常是将鸡翅、鸡爪、猪脚等食材先煮至半熟,浸泡在以香糟、红糟、料酒、精盐、白糖、葱、姜等调味出来的糟卤加以腌制,以冷食为主。糟过的肉类,香而不腻,味道浓淡适中,是上海人平日很喜欢的开胃菜或点心,吃过一次后,就很难不为这特别的口味着迷。

另外,有的料理方式是将酒糟和其他香料一起爆香,或和碎肉一起炖煮,利用酒糟特殊的香味,再加上后制的手续让酒糟更为顺口,以作为调味料或拌酱使用。

养生保健的最爱

酒糟不但味道特别,入菜美味,更重要的是它还兼具有养生保健的功能,所以中国人千年来,都与酒糟有密不可分的关系,尤其是在妇女的保养上面,酒糟更是有其长足的功效。

酒糟可以补气,再加上是发酵食品,有些许酒精成分,所以可以暖身,在寒冷的冬季,利用酒糟所做出的点心大受欢迎,不论是酒糟汤圆还是酒酿蛋等,只要喝个几口,马上就会寒意全消,全身的气血都会活络起来。此外,由于酒糟很滋补,所以除了暖身,女性生理期前后,也可以利用酒糟还改善气虚,调整体质。

在日本当地也有一种称作"甘酒"的饮品,天冷时常被拿来当作配点心的饮料,喝起来暖呼呼、香香甜甜的,味道跟酒酿几乎一样,其实也是利用米发酵而来的甜酒,算是酒糟的一种,在日本人心目中也是十分营养补身的饮食呢!

另外,红糟中的"红曲"自古以来也是很重要的养生品。本草纲目中有记载,红曲性甘、温、无毒,"主治消食活血、健脾胃、治赤白痢、下水。酿酒破血行药势,杀山岚瘴气,治打扑伤损,治女人血气痛及产后恶血不尽。"红曲不但可以顺气活血,还可以缓解女性生理期的不适以及调理产后的体质,所以一直以来都是妇女生产后必备的调养食品之一。

371 嫩姜炒五花肉

材料

五花肉 …………… 400克
嫩姜 …………… 150克
葱 …………… 1根

调味料

盐 …………… 少许
酱油 …………… 3大匙
米酒 …………… 1大匙
乌醋 …………… 2大匙
糖 …………… 1/2大匙

做法

1. 五花肉洗净后切片；葱切适当长段，备用。
2. 嫩姜切片，加入少许盐（分量外）拌匀，腌约10分钟，再抓拌数下，以冷水冲洗干净，沥干备用。
3. 热锅，倒入2大匙色拉油，放入五花肉片炒至变色，再放入葱段与嫩姜片炒香。
4. 加入所有调味料炒至入味即可。

372 姜焖南瓜

材料

南瓜 …………… 600克
姜 …………… 1小块
高汤 …………… 200毫升

调味料

盐 …………… 1/2小匙
糖 …………… 1/4小匙
鸡粉 …………… 1/4小匙

做法

1. 南瓜洗净洗净切块（外皮及籽不去除）；姜洗净切片，备用。
2. 热锅，倒入2大匙色拉油，放入姜片爆香，再放入南瓜块连皮带籽一起拌炒均匀。
3. 倒入高汤，盖上锅盖转中火焖煮约10分钟。
4. 放入所有调味料烧煮入味即可。

373 白果烩海鲜

材料

虾仁100克、墨鱼100克、鱿鱼100克、鱼板3片、白果80克、胡萝卜片30克、西蓝花100克、蒜片10克、姜片10克、葱段10克、市售高汤250毫升、水淀粉少许

调味料

A.盐1/4小匙、鸡粉1/4小匙、蚝油1/4小匙、细砂糖1/2小匙、乌醋少许
B.香油少许

做法

1.虾仁洗净,背部划一刀;墨鱼洗净,先切花刀再切片;鱿鱼洗净,先切花刀再切片,备用。
2.将西蓝花切小朵洗净,再依序与胡萝卜片、白果和虾仁、墨鱼片、鱿鱼片放入沸水中氽烫至熟后,分别捞起备用。
3.取锅烧热,加入2大匙色拉油,放入姜片、蒜片和葱段爆香。
4.接着放入虾仁、墨鱼片和鱿鱼片拌炒,再加入鱼板、西蓝花、胡萝卜片、白果和市售高汤煮至滚沸。
5.加入所有的调味料A拌匀,以水淀粉勾芡,再淋上香油拌匀即可。

374 黄芪糖醋排骨

＊材料＊

排骨600克、红椒片60克、青椒片60克、洋葱片50克、地瓜粉少许、水250毫升、水淀粉少许

＊中药材料＊

黄芪10克、红枣5颗、枸杞子3克

＊调味料＊

A.番茄酱2大匙、香油少许
B.白醋2大匙、细砂糖1大匙、盐1/4小匙

＊腌料＊

酱油1小匙、盐少许、细砂糖少许、米酒1大匙

＊做法＊

1. 将中药材料洗净沥干，加入水放入蒸锅中，蒸约15分钟后，将药材汤汁沥出备用。
2. 排骨洗净沥干，加入所有的腌料拌匀腌1小时，再加入地瓜粉拌匀放置5分钟，放入热油锅中炸熟后，转大火再炸一下，捞出沥油备用。
3. 油锅中继续放入洋葱片、红椒片和青椒片过油，捞出沥油。
4. 另取锅烧热，加入1大匙色拉油，放入番茄酱炒香，加入药材汤汁，放入所有的调味料B和炸排骨煮至滚沸。
5. 加入洋葱片、红椒片和青椒片煮至入味，最后用水淀粉勾芡，淋入香油即可。

375 山药咖喱丸子

＊材料＊

肉泥	200克
山药泥	80克
胡萝卜块	100克
土豆块	100克
洋葱片	100克
甜豆荚	30克
面粉	2大匙
市售高汤	400毫升

＊调味料＊

A.咖喱粉	1/2大匙
姜黄粉	1小匙
B.盐	1/4小匙
鸡粉	1/4小匙

＊腌料＊

酱油	1/4小匙
盐	少许
米酒	1小匙

＊做法＊

1. 肉泥剁碎，加入所有腌料拌匀腌10分钟，加入山药泥和1大匙面粉拌均匀，捏成丸子，放入热油锅中，炸至定型上色后，捞出沥油备用。
2. 将胡萝卜块和土豆块放入沸水中，煮约10分钟后捞出，放入甜豆荚汆烫后捞出切段备用。
3. 取锅烧热，加入2大匙色拉油，加入洋葱片爆香，放入咖喱粉和姜黄粉炒香，再加入1大匙面粉炒匀，倒入市售高汤煮至均匀。
4. 放入胡萝卜块、土豆块、山药丸子和所有的调味料B，煮至入味，最后加入甜豆荚段拌匀即可。

376 四神汤

＊材料＊

A.猪小肠50克、姜片10克、水1000毫升

B.茯苓10克、山药20克、芡实20克、莲子30克、薏米40克、枸杞子10克

＊调味料＊

盐1.5小匙、米酒50毫升

＊做法＊

1.猪小肠剪小段，放入沸水中烫除脏污；芡实、莲子与薏米泡清水60分钟；其余中药材稍微清洗后沥干，备用。

2.将所有材料、药材与米酒放入电锅内锅，外锅加1杯水，盖上锅盖，按下开关，待开关跳起，再焖30分钟后，加入盐调味即可。

377 百合芡实炖鸡汤

＊材料＊

土鸡肉	200克
干百合	25克
芡实	20克
桂圆肉	克
姜片	15克
水	500毫升

＊调味料＊

| 盐 | 3/4小匙 |
| 鸡粉 | 1/4小匙 |

＊做法＊

1.土鸡肉剁小块，放入沸水中氽烫去血水，再捞出用冷水冲凉、洗净，放入汤盅中，加入500毫升水备用。

2.干百合在冷水（分量外）中浸泡约5分钟，泡软后倒去水，与桂圆肉、芡实及姜片一起加入做法1的汤盅中，盖上保鲜膜。

3.将汤盅放入蒸笼中，以中火蒸约1小时，蒸好取出后加入所有调味料调味即可。

378 烧酒鸡

材料

鸡·················1/2只
老姜片···········20克
米酒···········400毫升
水··············300毫升

药材

川芎·················10克
黄芪·················10克
当归·················3克
枸杞子·············10克
桂枝·················7克

做法

1.鸡肉洗净，放入沸水中汆烫，再捞起沥干备用。
2.所有药材略洗净后备用。
3.取锅，放入药材、老姜片、水及米酒煮沸，再放入鸡肉煮沸，转小火煮20~30分钟即可。

养生也能好美味

　　烧酒鸡的药材主要的功效在于帮助循环、促进新陈代谢，天气寒冷时饮用可以温补祛寒，气虚贫血者适合饮用；怕脂肪摄取过量者，食用前可以将鸡肉去皮。

379 人参红枣鸡粥

* 材料 *

鸡肉块 ………… 400克
白米 ………… 1杯
姜丝 ………… 5克
水 ………… 1600毫升

* 中药材 *

参须 ………… 10克
红枣 ………… 6颗

* 调味料 *

盐 ………… 1.5小匙
白胡椒粉 …… 1/4小匙

* 做法 *

1. 白米洗净；鸡肉块放入沸水中汆烫去血水；所有中药材稍微清洗后沥干，备用。
2. 将所有材料、中药材放入电锅内锅，外锅加1杯水（分量外），盖上锅盖，按下开关，待开关跳起，继续焖30分钟后，加入所有调味料拌匀即可。

380 四物鸡汤

材料		*药材*	
土鸡	1/2只	何首乌	10克
姜片	10克	熟地	5克
水	600毫升	黄芪	10克
米酒	300毫升	杜仲	10克
		当归	7克
		黑枣	6颗
		枸杞子	5克

做法

1. 土鸡肉洗净切块,放入沸水中氽烫,再捞起沥干备用。
2. 所有药材略洗净后备用。
3. 将所有药材、水、米酒及土鸡肉块放入电锅内锅中,再放入电锅中,于外锅加入1.5杯水,盖上锅盖、按下开关。
4. 煮至开关跳起后再焖5~10分钟即可。

养生也能好美味

本汤品适用于有产后贫血、手脚冰冷症状者饮用,可帮助补血气、缓解腰酸背痛的症状,但感冒发烧者勿食。

381 玫瑰养颜鸡汤

材料

土鸡肉块900克、干燥玫瑰10克、栗子10颗、白果40克、银耳10克、米酒50毫升、水1200毫升

做法

1. 将土鸡肉块洗净氽烫;栗子泡软除去外皮,氽烫5分钟;银耳泡软去蒂撕成小朵,氽烫一下;白果洗净氽烫备用。
2. 将土鸡肉块、栗子、银耳、米酒和水放入锅中,煮沸后转小火煮40分钟。
3. 加入白果和干燥玫瑰继续煮5分钟即可。

养生也能好美味

这道鸡汤最适合女性,玫瑰不只可以泡茶,也可以入菜,能够养颜美容,促进新陈代谢;银耳富含胶质,能让肌肤更滑嫩,多吃也能增加抵抗力。

382 药膳乌鸡汤

材料

乌鸡腿 ·············1个
老姜片 ·············5片
水················400毫升
米酒··············300毫升

药材

炙甘草 ·············10克
熟地···············5克
黄芪···············10克
杜仲···············10克
当归···············5克
白芍···············10克
红枣···············5颗
人参···············3克
茯苓···············10克

做法

1. 乌鸡腿洗净切块，放入沸水中汆烫去除血水，再捞起沥干备用。
2. 所有药材略洗净后备用。
3. 将药材、米酒、水、老姜片和鸡肉块放入电锅内锅，于外锅加入1.5杯水，盖上锅盖、按下开关。
4. 待开关跳起后，继续焖5~10分钟即可。

桂圆党参煲乌鸡　牛蒡当归鸡汤

山药莲子鸡汤　九尾鸡汤

383 桂圆党参煲乌鸡

* 材料 *

乌鸡500克、桂圆肉30克、党参20克、枸杞子7克、姜片15克、水1000毫升

* 调味料 *

料酒50毫升、盐1/2小匙

* 做法 *

1. 乌鸡剁小块后氽烫洗净沥干，党参及枸杞子略冲洗沥干。
2. 将水加入汤锅，煮开后放入做法1的材料及桂圆肉、姜片、料酒。
3. 盖上锅盖煮沸后，转小火炖煮约50分钟，再加入盐调味即可。

内锅水：600毫升
外锅水：2杯

　　将上述食谱材料（材料中的水不用加入）处理好放入内锅中，再加入600毫升的水，外锅加入1杯水，按下电锅开关煮至开关跳起后，等约5分钟让电锅稍变凉，于外锅再加入1杯水，按下电锅开关煮至开关跳起，加入全部调味料拌匀即可。

384 牛蒡当归鸡汤

* 材料 *

鸡肉500克、牛蒡100克、黄芪10克、当归7克、熟地10克、枸杞子5克、水1000毫升

* 调味料 *

米酒50毫升、盐1/2小匙

* 做法 *

1. 牛蒡去皮洗净切小段；黄芪、当归、熟地、枸杞子略冲洗沥干备用。
2. 将水加入锅中，煮沸后放入做法1的材料及鸡肉、姜片、米酒。
3. 盖上锅盖煮沸后，转小火炖煮约60分钟，再加入盐调味即可。

内锅水：600毫升
外锅水：2杯

　　将上述食谱材料（材料中的水不用加入）处理好放入内锅中，再加入600毫升的水，外锅加入1杯水，按下电锅开关煮至开关跳起后，等约5分钟让电锅稍变凉，于外锅再加入1杯水，按下电锅开关煮至开关跳起，加入全部调味料拌匀即可。

385 山药莲子鸡汤

* 材料 *

鸡肉500克、莲子80克、山药70克、参须15克、姜片15克、水1000毫升

* 调味料 *

米酒50毫升、盐1/2小匙、细砂糖1/2小匙

* 做法 *

1. 莲子洗净泡水30分钟后沥干；山药及参须略冲洗沥干备用。
2. 将水加入锅中，煮沸后放入莲子、山药、参须、鸡肉、姜片、米酒。
3. 盖上锅盖煮沸后，转小火炖煮约50分钟，再加入盐和细砂糖调味即可。

内锅水：600毫升
外锅水：2杯

　　将上述食谱材料（材料中的水不用加入）处理好放入内锅中，再加入600毫升的水，外锅加入1杯水，按下电锅开关煮至开关跳起后，等约5分钟让电锅稍变凉，于外锅再加入1杯水，按下电锅开关煮至开关跳起，加入全部调味料拌匀即可。

386 九尾鸡汤

* 材料 *

鸡肉	600克
姜片	5克
水	1200毫升

* 调味料 *

| 盐 | 1.5小匙 |
| 米酒 | 50毫升 |

* 中药材 *

| 狗尾草 | 100克 |

* 做法 *

1. 鸡肉块放入沸水中氽烫去血水备用。
2. 将狗尾草、所有材料与米酒放入电锅内锅中，外锅加1杯水（分量外），盖上锅盖，按下开关，待开关跳起，继续焖30分钟后，加入盐调味即可。

387 何首乌鸡汤

＊材料＊

鸡肉块900克、水1000毫升、米酒800毫升

＊中药材＊

当归10克、何首乌25克、黄芪15克、红枣8颗、枸杞子10克、熟地5克、碎补20克、炙甘草5克

＊调味料＊

盐适量

＊做法＊

1.鸡肉块洗净，放入沸水中略汆烫，捞出沥干备用。

2.将中药材料洗净，沥干备用。

3.将汆烫后的鸡肉块放入锅中，加入做法2的中药材，倒入水和米酒。

4.放入蒸锅中蒸约60分钟，再加盐调味即可。

养生也能好美味

形状像一片木头的何首乌，又名地精，有吸取地面精华之意，一般认为可使头发乌黑亮丽，除此之外，还可补气造血、滋阴补肾。

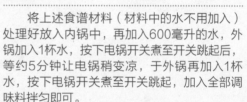

388 陈皮灵芝老鸭汤

＊材料＊
鸭肉600克、灵芝20克、枸杞子5克、姜片20克、水1000毫升

＊调味料＊
米酒50毫升、盐1/2小匙

＊做法＊
1. 灵芝洗净，泡水10分钟后沥干；枸杞子略冲洗沥干备用。
2. 将水加入锅中，煮沸后放入灵芝、枸杞子、鸭肉、姜片、米酒。
3. 盖上锅盖煮沸后，转小火炖煮约50分钟，再加入盐调味即可。

用电锅做

内锅水：600毫升
外锅水：2杯

　　将上述食谱材料（材料中的水不用加入）处理好放入内锅中，再加入600毫升的水，外锅加入1杯水，按下电锅开关煮至开关跳起后，等约5分钟让电锅稍变凉，于外锅再加入1杯水，按下电锅开关煮至开关跳起，加入全部调味料拌匀即可。

＊材料＊
鸭肉600克、金银花5克、陈皮3克、无花果4颗、黑枣3颗、姜片20克、水1000毫升

＊调味料＊
米酒50毫升、盐1/2小匙

＊做法＊
1. 金银花、陈皮、无花果及黑枣略冲洗沥干备用。
2. 将水加入锅中，煮沸后放入做法1的材料及鸭肉、姜片、米酒。
3. 盖上锅盖煮沸后，转小火炖煮约50分钟，再加入盐调味即可。

389 金银花水鸭汤

用电锅做

内锅水：600毫升
外锅水：2杯

　　将上述食谱材料（材料中的水不用加入）处理好放入内锅中，再加入600毫升的水，外锅加入1杯水，按下电锅开关煮至开关跳起后，等约5分钟让电锅稍变凉，于外锅再加入1杯水，按下电锅开关煮至开关跳起，加入全部调味料拌匀即可。

390 药炖排骨

* 材料 *

排骨（边仔骨）
·················600克
姜片·················10克
水···············1200毫升

* 调味料 *

盐·················1.5茶匙
米酒···············50毫升

* 中药材 *

黄芪·················10克
当归··················8克
川芎··················5克
熟地··················5克
黑枣··················8粒
桂皮·················10克
陈皮··················5克
枸杞子·············10克

* 做法 *

1. 排骨放入沸水中汆烫去血水；除当归、枸杞子、黑枣外，将中药材洗净后放入药包袋中，备用。
2. 将药包袋、其余中药、米酒与所有材料放入电锅内锅中，外锅加1杯水（分量外），盖上锅盖，按下开关，待开关跳起，继续焖20分钟后，加入盐调味即可。

391 药膳排骨汤

* 材料 *

大排骨·········400克
十全大补药包·······1包
水···········400毫升
米酒·········200毫升

* 做法 *

1. 大排骨洗净，放入沸水中汆烫去除血水，再捞起沥干，备用。
2. 将大排骨和其余材料放入电锅内锅中，再放入电锅，于外锅加入1.5杯水，盖上锅盖、按下开关。
3. 煮至开关跳起后，再于外锅加入1/2杯水，焖煮至开关再次跳起即可。

养生也能好美味

十全大补汤所含有的药材温和补气血，能增加免疫力。肉桂可以怯寒、帮助循环，虚弱体质者或常四肢冰冷者可多食，食材中的排骨也可换为鸡爪或鸡翅膀。此汤虚火或感冒者不建议食用。

392 红枣杜仲子排

＊材料＊

子排 ············ 800克
水 ············· 1000毫升
米酒 ············ 500毫升

＊调味料＊

盐 ·············· 适量

＊中药材＊

当归 ············· 1片
川芎 ············· 3片
杜仲 ············· 25克
黑枣 ············· 6颗
红枣 ············· 5颗
熟地 ············· 5克
黄芪 ············· 10克
枸杞子 ··········· 适量

＊做法＊

1. 子排洗净，放入沸水中略汆烫，捞出后放入内锅中。
2. 中药材洗净沥干后，也放入内锅中。
3. 内锅中加入水和米酒，放入电锅中，外锅加3杯水煮至开关跳起。
4. 加入盐调味即可。

养生也能好美味

杜仲含有杜仲胶，普遍认为可强筋健骨、补肝肾、促腰膝，再加上补气通血的其余中药材，此药膳有滋补强身之功效。

393 薏米沙参煲猪肚

材料

猪肚200克、薏米50克、沙参12克、红枣5颗、姜片10克、水1000毫升

调味料

米酒50毫升、盐1/2小匙

做法

1. 猪肚洗净后切小块；薏米洗净泡水30分钟后沥干；沙参、红枣略冲洗后沥干备用。
2. 将水加入锅中，煮沸后放入做法1的材料及姜片、米酒。
3. 盖上锅盖煮沸后，转小火炖煮约50分钟，再加入盐调味即可。

用电锅做

内锅水：600毫升
外锅水：2杯

将上述食谱材料（材料中的水不用加入）处理好放入内锅中，再加入600毫升的水，外锅加入1杯水，按下电锅开关煮至开关跳起后，等约5分钟让电锅稍变凉，于外锅再加入1杯水，按下电锅开关煮至开关跳起，加入全部调味料拌匀即可。

394 枸杞炖猪心

材料

猪心	350克
枸杞子	10克
姜片	10克
川芎	2片
黄芪	5克
水	500毫升

调味料

米酒	2大匙
盐	1/4小匙

做法

1. 将猪心洗净，汆烫。
2. 将猪心、其余材料和米酒放入电锅内锅中，外锅加1杯水，按下开关。
3. 开关跳起后，焖约10分钟，取出猪心切片，再放回电锅，加入盐拌匀，焖5分钟即可。

养生也能好美味

猪心先不切，整个放入电锅中炖煮至熟再切片，这样才不会导致猪心太老，影响口感。

395 当归生姜牛骨汤

＊材料＊
牛骨900克、当归5克、熟地10克、红枣10颗、姜片50克、水3000毫升

＊调味料＊
米酒50毫升、盐1/2小匙

＊做法＊
1. 牛骨剁块，入锅汆烫后洗净沥干；当归、熟地及红枣略冲洗沥干备用。
2. 将水加入锅中，煮沸后放入做法1的材料及姜片、米酒。
3. 盖上锅盖煮沸后，转小火炖煮约2小时，再加入盐调味即可。

用电锅做

内锅水：800毫升
外锅水：6杯

　　将上述食谱材料（材料中的水不用加入）处理好放入内锅中，再加入800毫升的水，外锅加入1杯水，按下电锅开关煮至开关跳起后，等约5分钟让电锅稍变凉，于外锅再加入1杯水，按下电锅开关煮至开关跳起，重复上述步骤至外锅水用完，电锅开关跳起，加入全部调味料拌匀即可。

---

396 茯苓枸杞牛腩汤

＊材料＊
牛腩300克、茯苓20克、山药20克、枸杞子5克、姜片10克、水800毫升

＊调味料＊
米酒50毫升、盐1/2小匙

＊做法＊
1. 伏苓、山药及枸杞子略冲洗沥干备用。
2. 将水加入锅中，煮沸后放入茯苓、山药、枸杞子、牛腩块、姜片、米酒。
3. 盖上锅盖煮沸后，转小火炖煮约1小时，再加入盐调味即可。

用电锅做

内锅水：500毫升
外锅水：3杯

　　将上述食谱材料（材料中的水不用加入）处理好放入内锅中，再加入500毫升的水，外锅加入1杯水，按下电锅开关煮至开关跳起后，等约5分钟让电锅稍变凉，于外锅再加入1杯水，按下电锅开关煮至开关跳起，再重复一次上述步骤，最后加入全部调味料拌匀即可。

397 清炖羊肉

材料

A. 羊肉块 ⋯⋯⋯⋯ 600克
　　洋葱片 ⋯⋯⋯⋯ 80克
　　水 ⋯⋯⋯⋯⋯ 600毫升
　　老姜 ⋯⋯⋯⋯⋯ 40克
B. 蒜头 ⋯⋯⋯⋯⋯ 20克
　　当归 ⋯⋯⋯⋯⋯ 1片
　　枸杞子 ⋯⋯⋯⋯ 适量
　　红枣 ⋯⋯⋯⋯⋯ 6颗

调味料

米酒 ⋯⋯⋯⋯ 600毫升
盐 ⋯⋯⋯⋯⋯⋯ 1小匙
冰糖 ⋯⋯⋯⋯⋯ 1小匙

做法

1. 老姜洗净切片备用。
2. 羊肉块洗净，放入沸水中汆烫，捞起洗净，沥干备用。
3. 将羊肉块、洋葱片、所有的材料B、老姜片、水和米酒一起放入内锅中。
4. 将内锅放入电锅内，外锅加入2杯水，待开关跳起后，外锅再加2杯水继续煮，再加入盐和冰糖拌匀即可。

养生也能好美味

用当归、枸杞子、姜片炖煮的清炖羊肉，清爽不燥，强筋健骨，又具滋补之效，夏天食用也无负担。

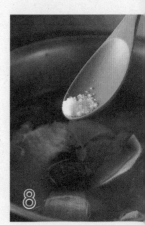

398 布袋羊肉

＊材料＊

猪肚1个、羊肉块1200克、姜片15克

＊药材＊

姜片10克、当归15克、黄芪30克、红枣10颗、枸杞子15克、桂皮15克、陈皮15克、水1000毫升

＊洗猪肚材料＊

盐2大匙、面粉1/2杯、花生油1大匙

＊调味料＊

盐1小匙、米酒500毫升

＊做法＊

1. 先剪掉猪肚多余的油脂，冲水洗去杂质，翻面再加入2大匙盐搓洗，接着加入面粉和花生油搓洗干净，再翻回来冲洗干净。
2. 羊肉块洗净；药材洗净备用。
3. 在猪肚中放入羊肉块、姜片和2/3分量的中药材料。
4. 用绳子将猪肚口绑好，放入沸水中氽烫一下。
5. 将猪肚捞出后，放入容器中，加入剩余1/3分量的中药药材，加入水和米酒，放入蒸笼中蒸约2小时，再加入盐蒸约15分钟。
6. 食用时，将猪肚剪开，再剪小块即可。

399 当归羊肉汤

＊材料＊

带骨羊肉	400克
米豆	50克
香油	1大匙
姜片	15克
米酒	200毫升
水	800毫升

＊调味料＊

当归	5克
黄芪	30克
党参	10克

＊做法＊

1. 羊肉切块，洗净以沸水余烫后捞起沥干，备用。
2. 米豆洗净，浸泡约5小时，备用。
3. 姜片先用香油炒至微卷曲，再放入羊肉块炒香，接着加入水、所有药材和米豆、米酒，煮至水滚沸后，改转小火煮约1小时即可。

养生也能好美味

米豆又名刀豆或关刀豆，性温，有益肾补元的作用，近期还发现其萃取后的制剂有增强免疫力的作用，本品与羊肉搭配是一道温补养气的汤品。

400 当归黄芪虱目鱼汤

＊材料＊

虱目鱼	1尾
姜片	10克
水	800毫升
米酒	200毫升

＊调味料＊

盐	1/4小匙

＊中药材料＊

当归	15克
黄芪	15克
枸杞子	10克
川芎	5克

＊做法＊

1. 虱目鱼洗净，切大块备用。
2. 中药材料洗净，沥干备用。
3. 将虱目鱼块放入内锅中，再放入姜片、中药材料、米酒和水。
4. 将内锅放入电锅内，外锅加入1杯水，待开关跳起后，再加入盐调味即可。

养生也能好美味

当归加黄芪一起炖汤是中医所谓的补血汤，补血又补气；虱目鱼富含多种氨基酸和微生素，适合虚弱体虚产后的人食用。

四物虱目鱼　参须鲈鱼汤

药膳炖鱼汤　药膳虾

401 四物虱目鱼

＊材料＊

虱目鱼 ·········· 500克
当归 ··············· 1片
川芎 ··············· 2片
黄芪 ·············· 10克
枸杞子 ············· 5克
杜仲 ·············· 10克
熟地 ·············· 10克
黑枣 ··············· 3克
炙甘草 ············· 1片
白芍 ·············· 10克
水 ············· 700毫升

＊调味料＊

米酒 ·········· 100毫升

＊做法＊

1. 将虱目鱼洗净，切大块，用沸水冲一下。
2. 将所有中药材加水放入电锅内锅中，外锅放1杯水，按下开关。
3. 待开关跳起，放入虱目鱼块和米酒，再放1/2杯水至外锅，待开关跳起后，焖5分钟即可。

养生也能好美味

四物炖补除了虱目鱼之外，也可以选择鸡肉或排骨，不过女性很适合食用虱目鱼，除了热量较低外，也含有许多胶质。

402 参须鲈鱼汤

＊材料＊

鲈鱼 ·········· 400克
参须 ·········· 10克
枸杞子 ··········· 5克
水 ··········· 600毫升

＊调味料＊

米酒 ··········· 2大匙
盐 ··········· 1/2小匙

＊做法＊

1. 将鲈鱼洗净，切大块，用沸水冲一下。
2. 将参须、枸杞子和水放入电锅内锅，外锅加1杯水，按下开关。
3. 开关跳起后放入鲈鱼和米酒，外锅再放1/2杯水，按下开关，开关跳起后放入盐拌匀，焖5分钟即可。

养生也能好美味

比起人参，参须价格便宜许多，性也较温，所以一般会选择参须入菜；参须虽然不像人参有明显的补气作用，但常常食用也有助气血循环。

403 药膳炖鱼汤

＊材料＊

石斑鱼 ·········· 600克
（切段）
牛蒡片 ·········· 200克
当归 ··············· 3片
川芎 ··············· 5片
桂枝 ··············· 8克
黄芪 ·············· 10片
参须 ············ 1小束
红枣 ············· 30克
姜片 ············· 10克
水 ··········· 2000毫升

＊调味料＊

盐 ············· 1小匙
米酒 ··········· 60毫升

＊做法＊

1. 石斑鱼段放入沸水中余烫，捞出后洗净备用。
2. 取锅，加入2000毫升的水，放入牛蒡片、当归、川芎、桂枝、黄芪、参须和米酒，以小火煮约40分钟，使香味全部释放出来。
3. 锅中放入石斑鱼段、红枣、姜片与盐，盖上保鲜膜，放入蒸笼中，以大火蒸约20分钟取出即可。

404 药膳虾

＊材料＊

鲜虾 ··············· 6只
老姜丝 ············ 20克
米酒 ·········· 200毫升

＊药材＊

枸杞子 ············ 10克
川芎 ············· 10克
黄芪 ············· 10克
当归 ··············· 3克
红枣 ··············· 3颗

＊做法＊

1. 鲜虾洗净，剪去尖头、须后备用。
2. 所有药材略冲洗后备用。
3. 取锅，锅中放入药材、老姜丝及米酒，煮沸后以小火煮约15分钟，再放入鲜虾，煮至熟即可。

养生也能好美味

虾、蟹类的食材建议在坐月子的后期食用较佳，因为剖腹产者较不适合。但鲜虾比鸡肉或其他海鲜的油脂热量负担较低。

405 桂花虾

材料

鲜虾·················300克
参须·················15克
当归段···············适量
陈皮丝···············10克
桂花·················适量
枸杞子···············少许
葱段·················10克
姜段·················10克

调味料

盐···················少许
料酒················50毫升
米酒················50毫升

做法

1. 鲜虾修剪完头须,洗净沥干放入容器中,先加入30毫升的米酒拌匀。
2. 再加入少许盐、葱段和姜段拌匀,腌约5分钟备用。
3. 参须略洗净,放入容器中,加入20毫升米酒泡软备用。
4. 将鲜虾放入盘中,放入参须、当归段、陈皮丝、桂花、枸杞子和料酒。
5. 将盛盘的鲜虾放入蒸锅中蒸约8分钟即可。

406 药膳蒸蛋

材料

鸡蛋3个、山药丁50克、瘦肉丁40克、松茸菇丁20克、豌豆20克、枸杞子5克、姜末10克、高汤200毫升

调味料

盐1/4小匙、米酒1小匙、淀粉1小匙、水淀粉适量

中药水材料

当归1片、黄芪10克、红枣5颗、枸杞子5克、水450毫升

做法

1. 将中药水材料中所有药材洗净，加入水，放入电锅内锅，外锅加1杯水，按下开关煮至开关跳起，滤去中药材，将中药水放凉备用。
2. 将蛋打散，加入中药水、盐和淀粉，搅拌均匀后过筛。
3. 将蛋液倒入器皿后，放进蒸笼中，先以大火蒸3分钟，再以中火蒸10分钟后取出。
4. 热锅，加入适量油，放入姜末爆香，再加入高汤、米酒、山药丁、瘦肉丁、松茸菇丁、豌豆和枸杞子煮沸后，用水淀粉勾芡，淋在蒸蛋上即可。

407 当归枸杞素鳝

材料

素鳝	300克
枸杞子	10克
当归	1片
水	600毫升

调味料

| 米酒 | 2大匙 |
| 盐 | 1/2小匙 |

做法

1. 将枸杞子、当归和米酒放入水中煮5分钟。
2. 再放入素鳝煮至水沸，最后加入盐煮至入味即可。

408 十全山药大补煲

材料

山药 350克
素鱼浆 200克
水 800毫升

中药材料

熟地 16克
黄芪 8克
白果 20克
红枣 5颗
山药（干）......... 4片
人参须 20克

调味料

盐 1大匙

做法

1. 山药去皮切块；素鱼浆捏成小丸子状，备用。
2. 取半锅油烧热至油温约140℃，放入素鱼丸炸至定型，捞出沥干油分。
3. 汤锅中放入800毫升水煮沸，加入山药块、素鱼丸煮沸，继续放入所有药材，加盖以小火焖煮5~6分钟，加入盐调味即可。

养生也能好美味

这道素食煲汤很适合血虚体弱、过度疲劳的人食用。山药含有天然荷尔蒙，经常食用可以强健身体、恢复体力、滋润肌肤；熟地能补血滋阴。

养生茶饮

天然食材冲泡的茶饮配方，只要一杯就能增加元气、舒缓不适，不用花时间久煮，简单就能轻松完成，是懒人的养生好法宝！

409 黑糖老姜茶

材料

黑糖·················5大匙
老姜·················150克
水···················800毫升

做法

1.老姜洗净，切小段后拍破。
2.取一锅，加入水，放入老姜和黑糖，将水煮沸后随时饮用即可。

410 红枣桂圆茶

材料

红枣·················8颗
桂圆·················15克
枸杞子···············5克
水···················1000毫升

做法

1.将红枣、桂圆和枸杞子洗净、沥干，放入锅中，再加入水。
2.煮沸后随时饮用即可。

411 红枣参芪茶

材料

红枣8颗、人参片5克、黄芪10克、枸杞子10克、水1000毫升

做法

1.红枣、人参片、黄芪和枸杞子略洗净，沥干水后备用。
2.将做法1的材料放入锅中，再加入水，煮至水沸即可。

412 牛蒡茶

材料

红枣 ················ 8颗
牛蒡 ··············· 100克
枸杞子 ············· 5克
水 ················ 1200毫升

做法

1. 将红枣和枸杞子略洗净后沥干水；牛蒡去皮、切片，备用。
2. 将做法1的材料放入锅中，再加入水，煮至水沸即可。

养生也能好美味

牛蒡含氨基酸、矿物质（锌、铁、碘、镁）、膳食纤维与菊糖，对于肠胃等消化系统有帮助，也有利水、缓解烦燥症状的功效。

413 山楂陈皮茶

材料

山楂 ·············· 10克
陈皮 ·············· 10克
益母草 ············· 10克
水 ················ 1000毫升

做法

1. 山楂、陈皮和益母草略洗净后沥干，备用。
2. 取一锅，加入1000毫升水和做法1的药材，煮沸后再以小火煮10分钟即可。

414 冬虫夏草茶

材料

甘草 ·············· 5克
枸杞子 ············· 5克
冬虫夏草菌丝体 ·· 10克
水 ·············· 800毫升

做法

1. 将甘草、枸杞子略洗净后沥干，备用。
2. 取一锅，加入800毫升水、甘草、枸杞子，煮至水沸后再放入冬虫夏草菌丝体即可。

养生也能好美味

真正的冬虫夏草子实体皆为野生，但因环境被人类破坏，加上寄生条件严格，因此更是珍贵，当然价格也不菲，其具有调节免疫力、抗疲劳的功效，建议选择经过检验机构验证证实其基因序列与野生株接近的菌丝体。

415 丽水茶饮

* 材料 *

五加皮 ……………10克
地骨皮 ……………10克
生姜皮 ……………10克
水……………… 1200毫升

* 做法 *

1.将五加皮、地骨皮和
 生姜皮略为洗净，沥
 干水后备用。
2.取一锅，加入水和做
 法1的材料，煮至水沸
 后转小火，将水煮到
 约剩800毫升即可。

416 养肝汤

* 材料 *

红枣 ………………7颗
五味子 ……………5克
水…………………500毫升

* 做法 *

1.将红枣和五味子略洗
 净、沥干，放入锅
 中，再加入水。
2.煮沸后随时饮用即可。

养生也能好美味

　　红枣性甘温、无毒，具有安神养
肝、舒肝解郁的功效，经常被加入药性
较强烈的方剂中，以调和药性，补中
益气。

417 黑豆茶

* 材料 *

黑豆……………150克
水……………… 500毫升

* 做法 *

1.黑豆洗净后沥干水，放入干净的炒锅中，以小火
 慢慢翻炒，不可炒焦。
2.将炒好的黑豆放凉后放入密封罐保存。
3.取30~50克黑豆放入锅中，加入500毫升的热水
 煮开后即可饮用。

注：黑豆炒过之后就不容易有豆子的生味了，喝起
　　来滋味也较好。

293

418 蒜蜜饮

＊材料＊

蜂蜜·············100克
蒜头·············100克
水···············300毫升

＊做法＊

1.大蒜洗净沥干水分，剥皮并磨成泥备用。
2.取一茶杯，将大蒜泥放入杯中，再放入蜂蜜一起调匀。
3.将300毫升的水煮至沸腾后，再倒入做法2的茶杯中调匀即可。

419 夏桑菊

＊材料＊

夏枯草·············10克
桑叶···············5克
菊花···············10克
鱼腥草·············3克

＊做法＊

1.夏枯草、桑叶、菊花、鱼腥草洗净后，以冷水浸泡约10分钟，沥干水分备用。
2.取一陶壶，将所有材料放入陶壶中，加入水1000毫升煮至沸腾，以小火继续煮约30分钟。
3.过滤取汤汁即可。

420 蒲公英茶

＊材料＊

蒲公英·············20克
甘草···············3克
蜂蜜···············20克
绿茶茶叶···········10克
水···············1000毫升

＊做法＊

1.蒲公英洗净，沥干水分；甘草洗净，备用。
2.取一陶锅，将蒲公英、甘草放入锅中，加入1000毫升水煮约20分钟。
3.取一碗，将做法2的材料过滤后，倒入碗中并加入绿茶茶叶与蜂蜜即可。

421 乌梅红糖茶

＊材料＊

乌梅·················· 8粒
黑糖·················· 30克
水··················· 600毫升

＊做法＊

1.取一茶杯，将乌梅放入茶杯中备用。
2.将600毫升的水煮沸后，冲入做法1的茶杯中。
3.加入黑糖拌匀即可。

422 罗汉果茶

＊材料＊

罗汉果 ·········· 2颗
水 ············· 600毫升

＊做法＊

1.罗汉果剥去外壳备用。
2.取一锅，将罗汉果放入锅中，放入600毫升水煮至沸腾。
3.转小火继续煮约10分钟即可。

养生也能好美味

罗汉果有止咳去痰的功效，还有解热的作用。将罗汉果熬成茶饮能止咳化痰，咳嗽不停时，饮用此茶饮，能让咳嗽的症状减轻。

423 雪梨冰糖姜茶

＊材料＊

雪梨300克、姜50克、冰糖80克、水600毫升

＊做法＊

1.雪梨洗净沥干水分后，去皮切片备用。
2.姜洗净后，去皮切丝备用。
3.取一砂锅，放入雪梨片、姜丝与冰糖，再加入600毫升水煮约15分钟即可。

养生也能好美味

咳不停的话会让肺部疼痛，饮用此茶，可以减缓这些症状，而且也能滋润肺部，也可加适量的川贝一起炖煮，效果更好，但要注意加太多会产生苦味。

图书在版编目（CIP）数据

菇类杂粮炖补料理大收录 / 杨桃美食编辑部主编
. -- 南京：江苏凤凰科学技术出版社，2016.12
（含章·好食尚系列）
ISBN 978-7-5537-4933-4

Ⅰ.①菇… Ⅱ.①杨… Ⅲ.①食用菌类 - 菜谱②杂粮
- 食谱 Ⅳ.① TS972.123 ② TS972.13

中国版本图书馆 CIP 数据核字 (2015) 第 151439 号

菇类杂粮炖补料理大收录

主 编	杨桃美食编辑部	
责任编辑	张远文	葛 昀
责任监制	曹叶平	方 晨

出版发行	凤凰出版传媒股份有限公司
	江苏凤凰科学技术出版社
出版社地址	南京市湖南路 1 号 A 楼，邮编：210009
出版社网址	http://www.pspress.cn
经 销	凤凰出版传媒股份有限公司
印 刷	北京富达印务有限公司

开 本	787mm × 1092mm　1/16
印 张	18.5
字 数	240 000
版 次	2016年12月第1版
印 次	2016年12月第1次印刷

标准书号	ISBN 978-7-5537-4933-4
定 价	45.00元

图书如有印装质量问题，可随时向我社出版科调换。